茶文化与茶艺实践

主　编　穆阿立　蒲妮卓玛
副主编　陈　娜

天津大学出版社
TIANJIN UNIVERSITY PRESS

图书在版编目（CIP）数据

茶文化与茶艺实践 / 穆阿立，蒲妮卓玛主编 ; 陈娜副主编. -- 天津 : 天津大学出版社，2025. 7. -- ISBN 978-7-5618-8062-3

Ⅰ. TS971.21

中国国家版本馆CIP数据核字第202507Q7J4号

出版发行 天津大学出版社
地　　址 天津市卫津路92号天津大学内（邮编：300072）
电　　话 发行部：022-27403647
网　　址 www.tjupress.com.cn
印　　刷 北京虎彩文化传播有限公司
经　　销 全国各地新华书店
开　　本 787mm×1092mm　1/16
印　　张 9
字　　数 190千
版　　次 2025年7月第1版
印　　次 2025年7月第1次
定　　价 35.00元

前　　言

茶，一片小小的绿叶，承载着中华民族数千年的历史积淀与文化传承。从神农尝百草的古老传说，到陆羽《茶经》的问世；从唐代煎茶法的兴起，到宋代点茶艺术的巅峰；从明清散茶冲泡的革新，到现代多元化饮茶方式的发展。茶文化如同一条奔流不息的长河，在岁月的洗礼中不断丰富、演进。作为中华文明的重要象征之一，茶不仅是一种饮品，更是一门艺术、一种哲学、一种生活态度。

本教材旨在带领读者深入探索茶文化的广阔天地，领略其中蕴含的深厚底蕴与独特魅力。通过系统梳理茶文化的历史脉络、基本概念、表现形式以及其在现代社会中的价值体现，我们希望为读者构建起对茶文化的全面认知框架。同时，结合茶艺实践的具体指导，使学习者能够在理论与实践的双重维度上掌握茶文化的精髓，并将其融入日常生活之中。

无论您是茶文化的初学者还是资深爱好者，相信本教材都能为您提供有益的启发与指导。让我们一起踏上这段充满诗意与哲思的旅程，去感受那片小小绿叶背后所蕴藏的无穷奥秘吧！

编者

2025. 2

目 录

第一章　茶文化概述

第一节　中华茶史

一、茶文化在中国的发展历程

（一）起源阶段（上古时期—西汉）

茶的发现与利用：中国是世界上最早发现茶树并利用茶叶的国家，茶树的起源可以追溯到至少六七万年前，而茶被人类发现和利用已有约四五千年的历史。最初，人们在原始野生采集活动中发现茶类植物具有止渴、提神、消食、除瘴、利便等药用功效，并将其当作药物使用。

茶文化的孕育：在食医合一的历史时期，茶的药用价值逐渐被发现，但此时还未形成真正的茶文化。直到西汉时期，王褒在《僮约》中提到“烹茶尽具”“武阳买茶”，充分证明了当时茶叶市场的存在和饮茶风俗的形成，这是茶文化起源的重要标志。

（二）萌芽阶段（魏晋南北朝）

文人饮茶兴起：这一时期，文人开始对饮茶产生兴趣，饮茶之风逐渐在文人阶层中流行开来。随着文人饮茶风尚的兴起，有关茶的诗词歌赋相继问世，茶逐渐脱离了单纯的饮食范畴进入文化领域，起着一定的精神陶冶和社会交流的作用。

茶文化的初步形成：一些有识之士提出“以茶养廉”，如陆纳、桓温以茶代酒之举。南齐世祖武皇帝不喜游宴，临终前下遗诏，要求丧礼从俭，仅放干饭、果饼和茶饭，并表示“天下贵贱，咸同此制”。饮茶不仅为了提神解渴，还逐渐具备了社会功能，成为待客之道、祭祀礼仪以及表现精神情操的重要手段，中国茶文化由此初见端倪。

（三）形成阶段（唐代）

陆羽与《茶经》的贡献：公元780年陆羽撰写了《茶经》，这是唐代茶文化形成的标志。《茶经》系统总结了唐代及其之前茶叶生产、饮用的经验，提出了精行俭德的茶道精神，涵盖了茶的自然科学和人文科学的双重内容，探讨了饮茶的艺术，将儒、道、佛三教的思想融入其中，首创中国茶道精神。

佛教与茶文化的结合：唐代禅宗兴起，寺庙崇尚饮茶，因为茶有提神益思、生津止渴的功效，有助于僧人修行。寺院周围开始种植茶树，并制定茶礼、设立茶堂、选定茶头，专门负责茶事活动，这些举措促进了茶文化的发展。

宫廷茶文化的兴起：在唐代宫廷用茶已分等级，茶仪已成礼制，赐茶成为皇帝笼络大臣、眷顾亲族的重要方式。从当时“比屋皆饮”的民间茶俗到豪华隆重的皇室宫廷茶宴，再到文人创作的茶诗词与茶书画，这些都是茶文化形成与发展的集中表现。

（四）兴盛阶段（宋代）

茶艺的发展：宋代茶业飞速发展，在继承了唐朝煮茶法的基础上，又推出了新的沏茶形式——点茶。宋徽宗的《大观茶论》详细记载了点茶的功夫。斗茶也在这一时期盛行，斗茶的内容包括斗茶品、斗茶令以及茶百戏，这些都丰富了茶文化的内涵。

茶文化的普及：宋代宫廷用茶的等级制度更加严格，茶叶还被当作特产赐给国外使节。在民间，茶文化更是生机勃勃，出现了如“献茶”“元宝茶”“下茶”“定茶”“合茶”等各种与茶相关的习俗。文人中出现了专业的品茶社团，如官员组成的“汤社”和佛教徒组成的“千人社”等。

（五）发展阶段（元明清）

元代：蒙古人入主中原，使中华各民族文化全面融合的步伐加快。北方少数民族喜欢茶主要是出于生活、生理上的需要，汉族文人则希望通过饮茶表现自己的情操和意志。这两股思想潮流的契合，促进了茶文化向简约、返璞归真的方向发展。

明代：散叶茶迅速发展，茶类品种日益丰富，出现了蒸青、炒青、烘青等各类饮茶法。泡茶用具越来越讲究，工艺精巧的紫砂壶、盖碗瓷器等茶具应运而生。客来敬茶、以茶待客风尚更为普及，都市茶馆林立，茶馆文化得到发展。

清代：茶叶出口成为一种正式行业，茶书、茶事、茶诗不计其数。随着茶叶外贸的发展，中国茶文化传播到了世界各地。

（六）现代阶段

新中国成立后，中国茶叶产量迅速增加，茶物质财富的大量增加为中国茶文化的发展提供了坚实的经济基础。各地纷纷成立以弘扬茶文化为宗旨的社会团体。同时，各种茶文化活动、茶叶节不断举办，推动了茶文化的传承和发展。茶馆行业也重新焕发生机，各种新型茶馆不断涌现。

二、我国饮茶方法的演变

中国作为茶叶的故乡，拥有着悠久的饮茶历史。在漫长的岁月中，我国的饮茶方法不断演变，反映了不同时代的文化、社会背景以及人们对茶叶的认知和品位追求。

（一）古代饮茶方法的起源与发展

1. 春秋以前

最初，茶叶作为药用而受到关注。古代人类直接含嚼茶树鲜叶汲取茶汁，感到芬芳、清口并富有收敛性的快感，久而久之，茶的含嚼成为人们的一种嗜好。这一阶段，可说是茶之为饮的前奏。

随着人类生活的进化，生嚼茶叶的习惯转变为煎服。即鲜叶洗净后，置于陶罐中加水煮熟，连汤带叶服用。煎煮而成的茶，虽苦涩，但滋味浓郁，风味与功效均胜生嚼几筹，久而久之，自然养成了煮煎品饮的习惯，这是茶作为饮料的开端。

2. 秦汉时期

茶叶的简单加工已经开始出现。鲜叶用木棒捣成饼状茶团，再晒干或烘干以存放，饮用时，将茶团捣碎放入壶中，注入开水并加入葱、姜和橘皮调味。此时，茶叶已经作为日常生活中的食品，既有解毒之能效，亦成待客之佳品。

秦统一巴蜀（我国较早传播饮茶的地区），促进了饮茶知识与风俗向东延伸。西汉时，茶已是宫廷及官宦人家的一种高雅消遣，王褒《僮约》已有“武阳买茶”的记载。三国时期，崇茶之风进一步发展，人们开始注意茶的烹煮方法，此时出现“以茶当酒”的习俗，说明华中地区当时饮茶已比较普遍。

3. 隋唐时期

茶叶多加工成饼茶。饮用时，加调味品烹煮汤饮。随着茶事的兴旺，贡茶的出现加速了茶叶栽培和加工技术的发展，涌现了许多名茶，品饮之法也有较大的改进。

此时，为改善茶叶的苦涩味，开始加入薄荷、盐、红枣等调味品。此外，已经使用专门的烹茶器具，并出现了有关茶的专著。陆羽《茶经》三卷，备言茶事，更对茶之饮、之煮有详细的论述。此时，对茶和水的选择、烹煮方式以及饮茶环境和茶的质量也越来越讲究，逐渐形成了茶道。

（二）宋元时期饮茶方法的变化

1. 宋代

制茶方法发生改变，宋初，茶叶多制成团茶、饼茶，饮用时需碾碎，加调味品烹煮，也有不加的。随着茶品的日益丰富与品茶的日益考究，人们逐渐重视茶叶原有的色、香、味，调味品的使用逐渐减少。

宋代开始出现了用蒸青法制成的散茶，且数量不断增多，茶类生产逐渐由团饼为主转向以散茶为主。此时烹饮手续逐渐简化，传统的烹饮习惯，正是由宋开始而至明清，出现了巨大变更。

宋代茶艺更为精进，创造出新颖独特的重在玩其味的茶游戏。从达官贵人到平民百姓，都沉迷于新奇刺激的斗茶和分茶游戏中。斗茶，因为要品评高低，决出胜负，故又称“茗战”。斗茶除了要比较茶叶品种、制造、出处、典故和对茶的见解，还要比较烹茶的用水和水温以及汤花等。斗茶赢家的茶叶可作御茶进贡，献茶人也能因此升官发财。地方官员为博取皇帝欢心，都极力参与并鼓励斗茶。

茶成为“开门七件事”之一，饮茶功能的广泛性凸显。朋友聚会，迎来送往，婚丧嫁娶，都离不开茶。宋徽宗赵佶精通茶艺，撰写了《大观茶论》。欧阳修诗云：“吾年向老世味薄，所好未衰惟饮茶。”苏东坡精于种茶、煮茶、品茶，写了许多出色的咏茶诗词。这些大人物的参与对炽热的饮茶风气起到了助推作用。

2. 元代

饼茶主要供皇室贵族享用，而民间则以散茶为主。元代蒙古人的饮茶方式，除吸收某些汉族之法外，还结合本民族特点，创制了配加特殊佐料的炒茶、兰膏、酥签茶等。

（三）明清时期饮茶方法的革新

1. 明代

由于制茶工艺的革新，团茶、饼茶已较多改为散茶，烹茶方法也由原来的煎煮为主逐渐向冲泡为主发展。茶叶冲以开水，然后细品缓啜，清正、袭人的茶香，甘洌、香醇的茶味以及清澈的茶汤，更能领略茶天然之色、香、味品性。同时，还出现了别具一格的"焚香伴茗"。

2. 清代

六大茶类的出现，使饮茶的步骤也由繁入简，茶叶的生产、销售等经济层面也较前朝有了相当大的增长，清代是中国茶叶对外贸易空前繁荣的时期。

随着茶类的不断增加，饮茶方式出现了两大特点：一是品茶方法日臻完善而讲究。茶壶茶杯要先用开水洗涤，以去除异味，再斟。器皿也"以紫砂为上，盖不夺香，又无熟汤气"。二是出现了六大茶类，品饮方式也随茶类的不同而有很大变化。同时，各地区由于风俗不同，开始选用不同茶类。如两广喜好红茶，福建多饮乌龙，江浙则好绿茶，北方人喜花茶或绿茶，边疆少数民族多用黑茶、茶砖。

（四）近现代饮茶方法的特点

近现代，中国茶叶进入了从传统茶叶向现代茶叶发展的时期，茶叶产量扩大，茶叶质量提高，名优茶的比重逐年上升。如今人们喝茶以冲泡为主，不同的茶类适用不同的泡饮方法。有些茶类可泡可煮，例如白茶，等级越高，年份越新，内含物质越丰富，适合冲泡，一定要煮的话，也可以泡完再煮；而等级越低，年份越老的白茶，因为内含物质降解了很多，物质少且不易析出，这类白茶方适合煮。

不论饮茶的方式方法如何迭代变迁，人们对于茶叶滋味和香气的追求是不变的，都是渴望有美好的饮茶体验，追求自然纯净的一杯好茶。

三、现代饮茶方法及启示

在现代社会，随着生活节奏的加快和人们对便捷性的追求，冲泡法成为饮茶的主要方式。人们只需将适量的茶叶放入茶壶或茶杯中，注入热水，稍等片刻即可享用香气四溢的茶饮。这种方法简单快捷，适合在家庭、办公室等场合使用。

然而，在一些少数民族地区，煮饮法仍然被广泛采用。例如，土家族的油茶汤、哈尼族的煨酽茶、土锅茶和青竹茶、傈僳族的油盐茶等，都是通过煮茶的方式来制作茶饮。这些少数民族的茶饮不仅具有独特的风味，还承载着丰富的民族文化内涵。

不同的茶类由于其制作工艺和茶叶特性的不同，适用的泡饮方法也有所差异。例如，绿茶属于不发酵茶，其茶叶鲜嫩，不宜用高温水冲泡，一般水温在80~90 ℃之间为宜。冲泡时可采用上投法、中投法或下投法，根据茶叶的嫩度和个人口味选择合适的方法。

红茶是全发酵茶，水温可控制在95 ℃左右。冲泡时可选用盖碗，先将茶叶放入盖碗中，用热水温润茶叶后倒掉，再注入热水，浸泡3~5分钟后出汤。

乌龙茶属于半发酵茶，水温需在95~100 ℃。可选用紫砂壶或盖碗冲泡，第一泡一般倒掉用来醒茶，之后的冲泡时间可根据个人口味调整。

白茶根据年份不同，冲泡方法也有所不同。新茶可选用盖碗或玻璃杯冲泡，水温不宜过高；老茶除了可以用盖碗和玻璃杯冲泡外，还可以用煮茶法。

黑茶属后发酵茶，冲泡水温需要达到100 ℃。冲泡时可选用紫砂壶或盖碗，第一泡的洗茶尤为重要。

黄茶属于轻发酵茶，水温一般在85~90 ℃。可选用盖碗或玻璃杯，冲泡时要注意不能焖杯，以免茶汤出现苦涩味。

现代饮茶方法的多样化，为传承和发扬茶文化精髓提供了更多的途径。人们可以通过学习传统的泡茶技巧、茶道礼仪，了解茶文化的历史和背景，将传统文化融入现代生活中。同时，也应该关注茶文化的发展和变化，掌握新兴茶文化的潮流和趋势，让茶文化在发展中保持活力和时代感。例如，现代的袋泡茶、罐装茶等新型饮茶方式，既满足了人们对便捷性的需求，又为茶文化的传播提供了新的载体。此外，还可以通过组织茶文化活动，如茶文化交流会、茶艺展览、茶文化沙龙等，让更多的人了解和学习传统茶文化，提高其文化品位和生活品质。

在饮茶的过程中，人们应该追求自然纯净的茶饮体验。选择优质的茶叶，采用合适的泡饮方法，品尝茶叶的原汁原味。同时，人们还可以通过饮茶来倡导健康的生活方式，培养健康的生活习惯。

四、中外饮茶风俗

世界各国的茶叶和饮茶之风全都源于中国。但各国、各族人民在长期饮茶过程中逐渐形成的风俗习惯又与各国的政治经济、地理环境和文化艺术密切相关。

（一）我国的饮茶风俗

1. 汉族的清饮

汉族的饮茶方式大致有品茶、喝茶和吃茶之分：古人饮茶重在“品”；近代人饮茶多为“喝”；至于“吃”，则为数不多，区域不广。

品，重在意境，以鉴别茶叶香气、滋味和欣赏茶汤、茶舞为目的的称之为“品”。凡品茶者，要细品缓啜，“三口方知真味，三番才能动心”。

喝，若以清凉解渴为目的，大碗急饮者称之为“喝”。

吃，倘若连茶带水一起咀嚼咽下，称之为“吃茶”。在茶文化形成初期主要是将茶叶当作食物。

汉族的清饮最有代表性的饮用方式有啜乌龙、品龙井、吃早茶、喝大碗茶。

2. 藏族的酥油茶

藏族的酥油茶是一种在茶汤中加入酥油等原料，再经特殊方法加工成的茶。酥油茶滋味多样，喝起来涩中带甘，咸里透香。

3. 蒙古族的咸奶茶

蒙古族的咸奶茶是一种将茶、牛羊奶、盐巴一道煮沸而成的咸奶茶。

4. 维吾尔族的奶茶与香茶

在维吾尔族，茶中加入奶和盐巴的为奶茶（北疆）；茶中加入胡椒、桂皮等香料碾碎的细末的则为香茶（南疆）。

5. 其他

傣族、拉祜族有竹筒香茶，布朗族有酸茶，白族有三道茶，广西桂北各族同胞有打油茶，回族有八宝茶，客家有擂茶等。

（二）世界各国的饮茶风俗

1. 欧洲各国饮茶风俗

荷兰人爱饮佐以糖、牛乳或柠檬的红茶；旅居荷兰的阿拉伯人则爱饮甘冽、味浓的薄荷绿茶。英国人将饮茶分为热饮和冷饮，热饮有加牛奶的和不加牛奶的；冷饮是把冰块放进红茶的茶汁中，再加入牛奶及糖。俄罗斯人喜爱饮柠檬茶。在法国人饮用的茶叶及采用的品饮方式中，饮用红茶的人最多，而且饮法与英国人类似。

2. 美洲各国饮茶风俗

美国人喜欢喝加了柠檬的冰红茶。阿根廷等南美人盛行饮用当地出产的马黛茶，传统的饮法是众人合饮。饮茶时，大家围聚一堂，按顺序传递，边饮边聊天，洋溢着浓厚的生活气息。

3. 亚洲各国饮茶风俗

中东的伊拉克人不喝绿茶，喜欢喝红茶；不喝泡的茶，只喝煮的茶。土耳其人喜爱喝茶，而且煮茶时会使用一大一小两个茶壶。巴基斯坦人喝红茶，大多采用烹煮法，并加入牛奶和糖。印度是世界红茶的主要产地，印度人喝奶茶的习惯则是从西藏学到的。日本的茶道包括抹茶道和煎茶道。韩国的茶艺分为煮茶法和点茶法。

第二节　茶文化的基本概念与范畴

一、茶文化的基本概念

（一）定义

茶文化是以茶为载体，包含茶道、茶德、茶精神、茶艺等多方面内容的总体概念。它是在饮茶活动过程中形成的文化特征，涵盖了茶道、茶德、茶精神、茶联、茶书、茶具、茶画、茶学、茶故事、茶艺等众多方面。中国是茶的故乡，也是茶文化的发源地，有着悠久的饮茶历史和丰富多样的茶文化表现形式。

（二）内涵

1. 茶文化与多领域的关联

中国茶文化是优秀传统文化的重要组成部分，其内容丰富多样，涉及众多学科与行业。例如，茶文化与科技教育紧密相连，在茶叶的种植、加工等方面需要运用先进的科学技术；在文化艺术领域，茶与诗词、歌舞、小说、美术等相结合，诞生了许多优秀的作品；在医学保健方面，茶叶的药用价值被广泛认可，茶食茶疗也成为一种独特的养生方式；在历史考古中，茶叶的发展历程为研究古代社会提供了重要线索；在经济贸易领域，茶叶贸易自古以来就十分繁荣；在餐饮旅游方面，茶馆、茶事旅游等成为人们休闲娱乐的重要选择；在新闻出版行业，茶叶专著、期刊等丰富了文化传播的内容。

2. 茶文化的内涵

茶文化是茶与文化的有机融合，既包含一定时期的物质文明，也体现了精神文明。从物质文明方面来看，茶叶的种植、生产、贸易等活动推动了经济的发展，茶具、茶馆等的发展也体现了物质生活的进步。在精神文明方面，茶文化所蕴含的茶道、茶德、茶精神等，反映了人们的价值观和审美情趣。例如，陆羽和皎然等文人重视茶的精神享受和道德规范，他们的思想与儒、道、佛哲学思想相交融，使人们在饮茶过程中进入一种精神境界。在《全唐诗》中，有百余位诗人的四百余首茶诗流传至今，这些作品不仅体现了诗人的文学才华，也反映了当时的社会风貌和人们的精神追求。

3. 茶艺与精神的结合

茶文化是茶艺与精神的结合，通过茶艺表现精神。茶艺作为一种艺术形式，包括茶叶的冲泡技艺、茶具的选择与使用、饮茶的礼仪等方面。在茶艺表演中，人们可以欣赏到茶叶在水中舒展的姿态、茶汤的色泽变化，感受到茶香的四溢。而这些外在表现形式的背后，蕴含着深刻的精神内涵。例如，中国茶道的主要内容讲究五境之美，即茶叶、茶水、火候、茶具、环境。茶文化要遵循一定的法则。唐代为克服九难，即造、别、器、火、水、炙、末、煮、饮；宋代则有三点与三不点品茶之法，强调新茶、甘泉、洁器、好天气、佳客等因素。这些法则不仅体现了人们对茶艺的追求，更反映了人们对精神境界的向往。

二、茶文化的特性

1. 历史性

茶文化的形成和发展历史悠久。从原始公社后期茶叶成为货物交换的物品到武王伐纣时期以茶叶作为贡品，再到战国时期茶叶种植已有一定规模。先秦《诗经》总集中就有茶的记载，汉朝茶叶成为佛教“坐禅”的专用饮品，魏晋南北朝已有饮茶之风，隋朝全民普遍饮茶。唐代茶业昌盛，出现茶馆、茶宴、茶会，提倡客来敬茶。宋朝流行斗茶、贡茶和赐茶。清朝曲艺进入茶馆，茶叶对外贸易蓬勃发展。

茶文化伴随着商品经济的出现和城市文化的形成而孕育诞生，注重文化意识形态，以雅为主，着重表现诗词书画、品茗歌舞。茶文化在形成和发展过程中，融合了儒、道和释的哲学色泽，逐渐演变为各民族的礼俗，成为优秀传统文化的组成部分和独具特色的文化模式。

2. 时代性

随着物质文明和精神文明建设的发展，茶文化注入了新的内涵和活力，其内涵及表现形式也在不断扩大、延伸，并且有了创新性的发展。

新时期茶文化融入了现代科学技术、现代新闻媒体和市场经济精髓，使茶文化的价值功能更加显著，对现代化社会的作用进一步增强。茶的价值使茶文化核心的意识进一步确立，国际交往也日益频繁。

新时期茶文化传播方式与形式呈大型化、现代化、社会化和国际化趋势，其内涵迅速扩大，影响更加广泛，为世人瞩目。

3. 地域性

名茶、名山、名水、名人、名胜古迹，孕育出各具特色的地域茶文化。中国地域广阔，茶类繁多，饮茶习俗各异，加之各地的历史、文化、生活及经济差异，形成各具地方特色的茶文化。

在经济、文化繁荣的大城市，茶文化以其独特的优势和丰富的内涵，形成了独具特色的都市茶文化。如上海自 1994 年起，已连续举办二十九届国际茶文化节，显示出都市茶文化的特点与魅力。

4. 国际性

中国茶文化是各国茶文化的摇篮，古老的中国传统茶文化同各国的历史、文化、经济及人文相结合，演变出英国茶文化、日本茶文化、韩国茶文化、俄罗斯茶文化及摩洛哥茶文化等。

在英国，饮茶成为生活的一部分，是英国人表现绅士风格的一种礼仪，也是英国女王生活中必不可少的程序和重大社会活动中必需的议程。日本茶道源于中国，具有浓郁的日本民族风情，并形成独特的茶道体系、流派和礼仪。

中国茶的历史及其发展，不只是形成一种简单的饮食文化的过程，而且映射出一个具有五千年历史的民族精神特质。

三、茶文化的具体表现

（一）煎茶

煎茶是把茶末投入壶中和水一块煎煮的一种制茶工艺，也是茶的最初品尝形式，最早出现于唐代，流行于宋代。唐代陆羽《茶经》中始有详细记载，其标志着中国茶道的诞生，此后，煎茶工艺日益成熟。

煎茶工序较为复杂。首先是贮青，接着进行蒸青，然后依次经过粗揉、揉捻、中揉、精揉、干燥等工序。我们的祖先最先是把茶叶当作药物，后来发展出了煎茶法。在古代，煎茶有多种方法，不同地区和时期也有所差异。

唐代煎茶法对器具、水、火候等都有严格的要求。煎茶需用风炉和釜作烧水器具，以木炭和硬柴作燃料，再加鲜活山水煎煮。煮茶时，当水烧到有“鱼目”气泡，“微有声”，即“一沸”时，加适量的盐调味，并除去浮在表面、状似“黑云母”的水膜。接着继续将水烧到边缘气泡“如涌泉连珠”，即“二沸”时，先从釜中舀出一瓢水，再用竹筴在沸水中边搅边投入碾好的茶末。待水“三沸”时，加进“二沸”时舀出的那瓢水，使沸腾暂时停止，以“育其华”。这样，茶汤就算煎好了，饮茶要趁热连饮，因为重浊凝其下，精华浮其上，茶一旦冷了，则精英随气而竭，饮啜不消亦然矣。

煎茶法在历史上不断演变。西晋杜育《荈赋》中对茶汤的描述与唐时煎茶一致，可见陆羽式煎茶萌芽于西晋，且与蜀人有关。宋代苏辙认为煎茶旧法出自西蜀。唐代，为适应煎茶的需要，人们发明了茶碾、茶罗、风炉、鍑、竹筴、则、瓢、茶碗、水方、涤方等器具。煎茶法的典型茶具是风炉、鍑（铛、铫）、勺、茶碗，最崇尚用越窑的青瓷茶碗。到了北宋时期，煎茶虽然失去了风采，但在小范围内还存在，苏轼、苏辙都曾用砖炉、石铫煎茶。南宋陆游作《效蜀人煎茶戏作长句》诗，亦写陆羽式煎茶，但煎茶到南宋只是文人的偶一为之，陆游以后，煎茶诗已成绝响。

煎茶属于大叶型的日常饮用茶，含有丰富的维生素C，是健康的饮品之一。

（二）斗茶

斗茶指古代文人雅士各自携带茶与水，通过比较茶面汤花和品尝鉴赏茶汤，以定优劣的一种品茶艺术，又称为茗战，兴起于唐代末，盛行于宋代。

斗茶最早在唐朝时期就有雏形，当时叫做“茗战”或者“斗茗”。宋朝是我国茶文化高速发展的阶段，斗茶活动十分流行。斗茶一般选在清明节期间，新茶刚出炉，最适合参斗。参加者以茶农和饮茶爱好者为主，多则十几二十人，少则五六人。斗茶会选择规模较大的茶社进行，参加者献出各自珍藏的名茶，轮流品尝，以决胜负。比赛内容涉及茶叶的芳香程度、干茶叶的色相、茶汤的醇香度、茶具的好坏以及煮茶的火候等方面。

斗茶的胜负标准主要有两方面。一是汤色，即茶水的颜色。一般标准是以纯白为上，青白、灰白、黄白等而下之。色纯白，表明茶质鲜嫩，蒸时火候恰到好处；色发青，表明蒸时火候不足；色泛灰，是蒸时火候太大；色泛黄，是采摘不及时；色泛红，则是炒焙火候过了头。二是汤花，即指汤面泛起的泡沫。汤花的色泽标准与汤色一致，以鲜白色为上乘，其他为下乘。水痕出现的早晚也是决定胜负的依据，早者为负，晚者为胜。

斗茶内容包括斗茶品、斗茶令和茶百戏。斗茶品以茶“新”为贵，斗茶用水以“活”为上。一斗汤色，二斗水痕。首先看茶汤色泽是否鲜白，纯白者为胜。其次看汤花持续时间长短，汤花匀细，能紧咬盏沿，久聚不散者为胜。斗茶令即古人在斗茶时的行茶令，所举故事及吟诗作赋皆与茶有关，用以助兴增趣。茶百戏是宋代流行的一种茶道，即将煮好的茶，注入茶碗中的技巧，能使茶汤汤花瞬间显示出瑰丽多变的景象。

斗茶所用茶具为黑瓷茶具，其中建州的建盏最为人称道，兔毫盏更是名重一时。宋徽宗在其《大观茶论》一文中对斗茶有详细记载，足见当时人们对斗茶的投入与重视。

（三）工夫茶

清代至今，某些地区流行的工夫茶是唐、宋以来品茶艺术的流风余韵。

清代，工夫茶流行于福建的汀州、漳州、泉州和广东的潮州。后来在安徽祁门地区也盛行一时。工夫茶讲究品饮工夫。饮工夫茶，有自煎自品和待客两种，特别是待客，更为讲究。

工夫茶的茶具种类繁多，主要包括以下几方面：置茶器有茶罐、茶则、茶荷、茶匙、茶滤、茶漏、壶承；理茶器有茶针、茶夹、茶刀；品茗器有泡茶壶、公道杯、闻香杯、品茗杯、盖碗、杯托、盖置；涤洁器有茶盘、茶巾、养壶笔、茶筒、水盂等。

工夫茶体现了中国传统茶文化的精致与细腻，是中国茶文化的重要组成部分。

四、茶文化的范畴

茶文化的范畴极为广泛，涵盖了茶道、茶德、茶精神、茶联、茶书、茶具、茶画、茶学、茶故事、茶艺等多个方面。

（一）茶道

茶道是通过泡茶、品茶和悟茶来体现礼节，表达意境、美学观点和思想的独特饮茶艺术。中唐以前，茶道虽尚未形成，但茶叶已经开始被饮用和传播。中唐时期，陆羽的《茶经》出世，标志着茶道的产生，随后茶道传播到世界各地，茶叶也成为商品贸易的重要物品。

中国茶道包含三大茶艺，技法包括识佳茗、备妙器、择好水、巧冲泡和善品饮五个步骤。识佳茗即判断茶叶好坏、新旧及欣赏茶；备妙器一方面要根据茶的种类选择合适的茶器，另一方面要了解茶具的分类，陆羽在《茶经》中总结的二十四器占有重要地位；择好水即要选择合适的水类型并将水烧开冷却到合适的温度；巧冲泡包含泡茶的流程、茶水比例、温度控制等；善品饮既包含识好茶又包含健康地喝茶。

中国茶道茶礼有待客茶、宫廷茶、婚嫁茶和祭祀茶四大礼仪。待客茶以“礼”达到“和乐”的人际关系；宫廷茶礼仪烦琐，表达对皇帝的尊重；婚嫁茶内容为“三茶六礼”；祭祀茶用茶作为祭品，表达对祭祀对象的尊重。茶道文化传承体现在非遗保护、活动组织、课程等方面，对中国的生活习俗、产业结构以及世界文化产生了重要影响。中国茶道的文化内涵核心是技术、礼仪和修身，它们分别提供喝茶的基础条件、体现茶境、由静到净达到简单与快乐，其内涵要求为和、静、怡、真。茶道的衍生文化有文学与艺术，文学作品对茶道进行补充，艺术则在花艺、香料、茶壶制作和装潢等方面为茶道增色。代表人物有茶圣陆羽和茶仙卢仝，陆羽构建了茶道体系，卢仝则为茶道内涵及美学等方面作出贡献。

（二）茶德

茶德是指茶自身所具备的美德。茶联的集大成者《百茶联》原创作者在天的观点最具代表性，他提出茶有八德——康、乐、甘、香、和、清、敬、美。其分别代表茶能增进健康，延年益寿；能增进快乐，如沐春风；如甘露，甘润人生；百味凝春，茶香自溢；蕴太和之气，固本扶元；语清心，心旷神怡；本时辰草，客为座上宾；是天生尤物，能赋予美感享受。陆羽在《茶经》中也提到“茶之为用，味至寒，为饮，最宜精行俭德之人”，“精行”指精通茶艺并严格按照社会道德规范行事，“俭德”指具有节约和克制的美德。唐朝刘贞亮在《茶十德》一文中提出饮茶十德，包括以茶散郁气；以茶驱睡气；以茶养生气；以茶除病气；以茶利礼仁；以茶表敬意；以茶尝滋味；以茶养身体；以茶可行道；以茶可雅志。当代茶学专家庄晚芳也提出“廉、美、和、敬”的中国茶德，即廉俭育德、美真康乐、和诚处世、敬爱为人。

（三）茶精神

茶的三大精神包括坚守清静、谦逊大度、和敬廉美。茶在生长过程中清神静心，顺应四时，与世无争。饮者品茶时凝神静气，进入宁静的宇宙世界般的境界，正所谓“欲达茶道通玄境，除却静字无妙法”。茶功德无量却习惯低调，不事张扬，人类应学习其谦虚、有内涵、肚量大的品质。和敬指茶变成茶饮，心态平和。饮者在茶室平等交流，相互尊敬，可陶冶情操，打开心结。此外，茶还有五种精神，包括尽管饱受煎熬但是依旧无私奉献、与世无争悄然绽放、低调谦逊有度量、众生平等一视同仁、初心不变传递至善。

（四）茶联

茶联是茶文化的一种文学艺术兼书法形式的载体，它不仅有古朴典雅之美，而且有妙不可言之趣。古往今来，在茶亭、茶室、茶楼、茶馆里常可见以茶事为内容的茶联。如清代名士傅山所题“竹雨松风琴韵，茶烟梧月书声”，展现了山川煮茗的美妙场景。郑板桥的茶联体现了其朴素恬淡的人生境界与清新脱俗的精神追求。惠洪和尚的茶联则体现了精致茶具煎茶、慢煎细品的茶趣。还有妙趣横生的回文茶联，如“趣言能适意，茶品可清心”，倒读则为“心清可品茶，意适能言趣”，蕴含着洁身自处、清廉待人之意。一些茶联还颇具禅味，如“四大皆空，坐片刻无分尔我；两头是路，吃一盏各自东西”等。

（五）茶书

茶书是记载茶文化相关知识的书籍，如陆羽的《茶经》系统地总结了唐代以及唐以前茶叶生产、饮用的经验，提出了“精行俭德”的茶道精神，为中国茶文化奠定了基础。

（六）茶具

茶具种类繁多，不同的茶需要使用不同的茶具来冲泡。置茶器有茶则、茶匙、茶漏等；理茶器有茶夹、茶针等；分茶器有茶海等；品茗器有茶杯、闻香杯、杯托等；涤洁器有茶盘、茶船等。茶具不仅是泡茶的工具，更是茶文化的重要组成部分。

（七）茶画

茶画以生动的画面展现了茶的魅力，将茶文化与绘画艺术相结合。茶画可以描绘饮茶的情景以及茶具、茶园等，为人们了解茶文化提供了直观的感受。

（八）茶学

茶学是研究茶叶的学科，涉及茶叶的种植、加工、品鉴、文化等多个方面。茶学的发展有助于提高茶叶的品质和产量，推动茶文化的传承和发展。

（九）茶故事

茶故事丰富了茶文化的内涵，通过讲述与茶相关的故事，传递了茶的历史、文化和精神。茶故事可以是名人与茶的故事，也可以是普通百姓的茶生活故事。

（十）茶艺

茶艺是一种艺术形式，包括茶叶的冲泡技艺、茶具的选择与使用、饮茶的礼仪等方面。在茶艺表演中，人们可以欣赏茶叶在水中舒展的姿态、茶汤的色泽变化，感受茶香的四溢。茶艺体现了中国传统茶文化的精致与细腻，是中国茶文化的重要组成部分。

五、茶文化在现代社会的意义

（一）对个人的意义

1. 放松身心，享受宁静时光

茶作为一种饮品，自古以来就有着让人放松身心的作用。在忙碌的现代生活中，人们常常面临着各种压力和焦虑。而一杯茶，就能为人们带来片刻的宁静。当我们坐在安静的角落，泡上一杯香气四溢的茶，看着茶叶在水中舒展，听着水煮沸的声音，仿佛整个世界都慢了下来。在这个过程中，我们可以暂时忘却生活的烦恼和工作的压力，让身心得到放松。

中国的茶文化对个人有着“静心神”的意义。泡茶、喝茶讲究安静的环境，常处于这种环境中会给人一种心旷神怡的感觉，有助于使人静心神、修身性，感觉自身沉浸在文化当中，浮躁的心态也会逐渐变得平和、安静。

2. 解决精神困惑，提高文化素养

现代社会的快节奏和高压力常常让人们感到精神困惑，而茶文化则为人们提供了一种解决之道。通过学习茶艺、了解茶文化，人们可以培养自己的细心、耐性和懂礼节的习惯。在冲泡茶的过程中，人们需要注重细节，从选择茶具、控制水温到把握时间，每一个环节都需要小心操作、精心调理。这种过程可以慢慢培养人们的细心和耐性，让其在面对生活中的其他事情时也能更加沉稳和从容。

3. 教导人们懂礼节

在社会交往中，人与人之间的交流需要相互尊重，而泡茶也不例外。学习茶艺可以让人们养成良好的礼节习惯，待人处事更懂礼仪。此外，学茶艺、懂茶品的人通常不会直接评价一款茶的好坏，而是客观地讲述茶叶的特点。这也启发人们在待人处事时不要轻易去评价别人，养成言语谨慎的习惯，做事学会

多分析、少评论，懂得更好地与人和谐相处。

4. 宜取舍

茶文化还强调宜取舍，讲究天人合一、归于自然。在学习茶艺的过程中，人们要懂得尊重自然规律，循序渐进，不能急于求成。长期的泡茶习惯可以让人们明白，需要综合自身的素养、能力，来做相对适合自己的事情。

（二）对社会的意义

1. 有利于社区文明建设

茶文化有利于社区文明建设，改变社会不正当消费活动，创建精神文明，促进社会进步。茶文化具有发扬传统美德、展示文化艺术、修身养性、陶冶情操等社会功能。茶文化中的传统美德，如热爱祖国、无私奉献、坚韧不拔、谦虚礼貌、勤奋节俭和相敬互让等，是经过几千年积淀下来的被历代人们所推崇的美好道德，是民族精神和社会风尚的体现。

改革开放后，茶文化的传播表明，其具有改变社会不正当消费活动、创建精神文明、促进社会进步的作用。例如，参与茶文化活动，可以使人们的精神和身心得到放松，应对人生的挑战。在社区中，茶文化活动可以促进居民之间的交流和互动，增强社区凝聚力。同时，茶文化也可以引导人们树立正确的消费观念，摒弃铺张浪费和过度消费的不良习惯。

2. 促进人与人之间的交流

茶文化能够促进人与人之间的交流与沟通，增进友谊，和谐社会。茶作为一种社交饮品，在促进人与人之间的交流与沟通方面发挥着重要作用。在中国，以茶待客是一种传统的礼仪，体现了主人的热情和尊重。在品茶的过程中，人们可以交流彼此的生活、工作和兴趣爱好，增进彼此的了解和友谊。

茶文化对个人的影响也有助于增进社会和谐。例如，品茶能让人感到平静和放松，提高代谢和免疫能力，增强社交能力，增加学习兴趣和审美品位，并且把这些积极的影响传递给身边的人，促进人与人之间的和谐相处。同时，茶文化中的和而不同的理念也鼓励人们尊重他人的差异，求同存异，共同营造一个和谐的社会环境。

3. 推进国际文化交流

茶文化还能推进国际文化交流，使茶文化跨越国界，成为人类文明的共同精神财富。茶起源于中国，盛行于世界。作为茶叶的生产和消费大国，中国愿与各方一道，推动全球茶产业持续健康发展，深化茶文化交融互鉴，让更多的人知茶、爱茶，共品茶香茶韵，共享美好生活。

中国茶文化与大国外交相融相通，以茶会友、品茶论道，独具特色与和而不同并举。茶是连接国际交流的纽带，“茶叙国事”“茶礼”频频出现在各种重要的外交场合，促进了中西文明的交流互鉴。全球产茶国和地区已达 60 多个，饮茶人口超过 20 亿。在构建人类命运共同体的大时代背景下，茶更是担负了推动和促进全球文化交流、文化共鉴、文化共存的责任和使命。

第三节　茶文化的传承与发展

一、茶文化的传承与发展意义

（一）文化层面

1. 增进文化素养

茶文化可以增进人们的文化素养，让人们更好地了解和领会中国传统文化，加深文化认同感和自豪感。

茶文化作为中国传统文化的重要组成部分，具有悠久的历史和深厚的底蕴。从神农尝百草发现茶的药用价值，到唐代陆羽《茶经》的问世标志茶文化的形成，再到现代茶文化的多元化发展，茶文化贯穿了中国历史的各个时期。通过学习和了解茶文化，人们可以深入地了解中国古代的哲学思想、文学艺术、礼仪规范等方面的内容，从而增进自身的文化素养。

例如，在茶艺表演中，人们可以欣赏优美的茶具、精湛的泡茶技艺和优雅的礼仪，感受中国传统文化的魅力。同时，茶文化也与中国的诗词、绘画、书法等艺术形式紧密结合，许多文人墨客都以茶为题材创作了大量的作品，这些作品不仅具有艺术价值，也反映了当时的社会风貌和人们的生活态度。通过欣赏这些作品，人们可以更好地了解中国传统文化，加深文化认同感和自豪感。

2. 桥梁纽带作用

在古代茶是沟通精英文化与民间文化的桥梁，使文人多几分民间情怀，也使百姓的生活多几分文人情趣。

在古代，茶不仅是文人雅士喜爱的饮品，也是普通百姓日常生活中不可或缺的一部分。文人雅士通过品茶、吟诗、作画等方式，表达自己的情感和思想，同时也将自己的文化素养和审美情趣传递给了普通百姓。而普通百姓则通过茶的种植、制作和饮用，传承着民间文化和生活智慧。

例如，唐代诗人白居易在《山泉煎茶有怀》中写道："坐酌泠泠水，看煎瑟瑟尘。无由持一碗，寄与爱茶人。"这首诗既表达了诗人对茶的喜爱之情，也反映了当时民间饮茶的风尚。又如，在民间，人们常常以茶会友、客来敬茶，这些传统民风体现了百姓的热情好客和对生活的热爱，也让文人雅士感受到了民间的淳朴和温暖。

3. 传承文化遗产

茶文化传承文化遗产，对传承研究我国丰富的历史文化、保持中华民族文化的延续性、实现茶文化遗产对艺术审美的再创造都具有重要意义。

茶文化遗产包括物质文化遗产和非物质文化遗产，如茶具、与茶有关的遗址、茶叶的制作工艺、泡茶的技艺、与茶有关的故事和传说以及与茶有关的民俗、礼仪、诗词曲赋和茶画等。这些文化遗产是中华民族的宝贵财富，对于传承研究我国丰富的历史文化、保持中华民族文化的延续性具有重要意义。

例如，福建武夷岩茶（大红袍）制作技艺等 6 个项目作为"中国传统制茶技艺及其相关习俗"组成部分被列入联合国教科文组织人类非物质文化遗产代表作名录，这不仅是对武夷岩茶制作技艺的认可，也是对中国茶文化的传承和弘扬。同时，通过对茶文化遗产的研究和创新，可以实现茶文化遗产对艺术审美的再创造，为现代艺术创作提供灵感和素材。

（二）社会层面

1. 促进社会交往

茶文化可以促进社会交往，以茶会友、客来敬茶等传统民风具有亲和力和感染力，能增进人际关系。

茶作为一种社交饮品，在中国有着悠久的历史。以茶会友、客来敬茶等传统民风体现了中国人的热情好客和对友谊的重视。在茶的陪伴下，人们可以放松心情，舒缓情绪。茶还可以促进人际交往，增加友谊的温度，加深人们的感情。

例如，奥地利人在济南用东方的绿茶与西方的咖啡创造出了一款"咖啡茶"，这款饮品不仅深受当地人的喜爱，还吸引了不少留学生等外国人前来品尝。通过这款饮品，人们不仅可以品尝到独特的味道，还可以感受到不同文化之间的交流和融合。又如，在现代社会，茶艺馆、茶馆等场所成为人们社交交往的重要场所，人们可以在这里品茶、聊天、交流，增进人际关系。

2. 构建和谐社会

茶文化所推崇的平和清静是中华民族传统美德的集中体现，有助于促进人们之间的理解和交往，构建和谐社会。

茶文化所推崇的平和清静与中华民族传统美德相契合，体现了中国人的价值观和生活态度。在快节奏的现代生活中，人们常常感到压力和焦虑，而品茶可以让人们放松身心，享受宁静的时光。同时，茶文化也强调人与人之间的和谐相处，通过以茶会友、客来敬茶等传统民风，促进人们之间的理解和交往，构建和谐社会。

例如，在一些社区，人们通过举办茶文化活动，如茶艺表演、茶文化讲座等，促进社区居民之间的交流和互动，增强社区凝聚力。又如，在国际文化交流中，茶文化也成了一种重要的交流方式，通过举办国际茶文化节、茶文化研讨会等活动，促进不同国家和地区之间的文化交流和理解，为构建和谐世界作出贡献。

二、茶文化的传承方式

（一）倡导茶为国饮

在社会各界普及茶文化，例如可以在学校传授茶艺，在市民中举办茶文化讲座，在传媒中介绍茶文化知识。

茶文化作为中华民族传统文化的瑰宝，其传承与发展离不开社会各界的共同努力。在学校教育中，可以将茶艺课程纳入素质教育体系，让学生了解茶的历史、种类、制作方法以及茶艺礼仪等知识。通过茶艺实践活动，培养学生的动手能力和审美情趣，增强他们对传统文化的认同感和自豪感。

在市民中举办茶文化讲座，可以邀请专业的茶艺师、茶文化学者等进行讲解，让市民了解茶文化的内涵和价值。讲座内容可以包括茶的养生功效、茶文化与生活的关系、如何品鉴茶叶等方面，提高市民对茶文化的认知水平。

在传媒中，可以通过电视、报纸、网络等渠道介绍茶文化知识。例如，制作茶文化专题节目、开设茶文化专栏、发布与茶文化相关的文章和视频等，让更多的人了解茶文化，感受茶文化的魅力。

（二）打造茶馆业

1. 茶馆业与文化产业相结合

把茶馆业与文化产业相结合，提供品茶、欣赏书画、音乐等服务。

茶馆作为茶文化的重要载体，不仅是人们品茶休闲的场所，更是传承和弘扬茶文化的重要阵地。将茶馆业与文化产业相结合，可以为顾客提供更加丰富的文化体验。例如，在茶馆中设置书画展览区，展示名家书画作品，让顾客在品茶的同时欣赏艺术之美；邀请音乐家在茶馆中演奏古典音乐或民族音乐，营造出优雅的氛围。

此外，茶馆还可以举办茶文化讲座、茶艺表演、诗词朗诵等活动，让顾客在参与中感受茶文化的魅力。通过与文化产业的结合，茶馆可以提升自身的文化内涵和品牌价值，吸引更多的顾客前来消费。

2. 提升茶馆的文化内涵

提升茶馆的文化内涵，使其成为人们享受生活、促进社交的场所。

茶馆应该注重营造文化氛围，通过装修风格、家具摆设、茶具选择等方面体现传统文化的特色。例如，采用中式装修风格，摆放古典家具，使用精美茶具，让顾客感受传统文化的韵味。

茶馆还可以提供个性化的服务，满足顾客的不同需求。例如，为顾客提供定制化的茶艺表演、举办私人茶会等服务，让顾客在茶馆中享受独特的体验。同时，茶馆也可以成为人们促进社交的场所，通过举办各种社交活动，如商务洽谈、朋友聚会、文化交流等，为顾客提供一个交流互动的平台。

（三）保护茶文化遗址

1. 推广名茶产地

可以介绍《茶经》问世以来名茶产地的文化底蕴和自然、文化遗产。自唐代陆羽《茶经》问世以来，中国的名茶产地经历了漫长的历史发展过程，积累了丰富的文化底蕴和自然、文化遗产。例如，福建武夷山是世界文化与自然双重遗产地，这里不仅有秀美的自然风光，还有悠久的茶文化历史。武夷山的大红袍制作技艺被列入联合国教科文组织人类非物质文化遗产代表作名录，成为中国茶文化的一张亮丽名片。

又如，云南普洱茶产地拥有丰富的古茶树资源和独特的民族茶文化。这里的古茶树见证了中国茶文化的悠久历史，是珍贵的自然遗产。同时，云南的少数民族在长期的茶叶种植和饮用过程中，形成了独特的茶文化习俗，如烤茶、三道茶等，这些都是宝贵的文化遗产。

2. 打造茶文化旅游区

强调保护茶文化遗产，打造茶文化旅游区的重要性。保护茶文化遗址对于传承和弘扬中国茶文化具有重要意义。这些遗址不仅是历史的见证者，更是中华民族的宝贵财富。通过保护这些遗址，可以让后人了解中国茶文化的发展历程，感受传统文化的魅力。

同时，保护茶文化遗址还可以打造茶文化旅游区，促进当地经济的发展。例如，将茶文化遗址与旅游业相结合，开发出茶文化旅游线路，吸引游客前来观光旅游。游客可以参观古茶树、茶厂、茶馆等景点，了解茶叶的种植、制作和饮用过程，体验茶文化的魅力。此外，还可以开发与茶文化相关的旅游产品，如茶叶、茶具、茶工艺品等，增加旅游收入。

（四）培养青少年的兴趣

1. 茶文化进校园

结合学校课程改革，将茶文化融入青少年素质教育。学校是培养青少年的重要场所，将茶文化融入学校课程改革，可以让青少年更好地了解和传承茶文化。例如，可以在语文、历史、美术等课程中融入茶文化的内容，让学生通过学习诗词、典故、绘画等了解茶文化的历史和内涵。

还可以开设茶艺社团、茶文化兴趣小组等，让学生在实践中学习茶艺表演、茶叶审评等技能，培养他们的动手能力和审美情趣。通过将茶文化融入青少年素质教育，可以提高学生的文化素养和综合素质，为茶文化的传承和发展培养后备力量。

2. 激发学生兴趣

开展少儿茶艺，培养青少年对茶的兴趣，使茶文化事业后继有人。

开展少儿茶艺活动，可以让青少年从小接触茶文化，培养他们对茶的兴趣。少儿茶艺活动可以包括茶艺表演、茶叶知识讲座、亲子茶艺体验等形式。通过这些活动，让孩子们了解茶的种类、功效、制作方法等知识，学习茶艺礼仪，感受茶文化的魅力。

同时，还可以通过举办少儿茶艺比赛等活动，激发孩子们的学习热情和竞争意识，提高他们的茶艺水平。通过开展少儿茶艺活动，可以培养青少年对茶文化的热爱，使茶文化事业后继有人。

（五）加强研究、交流与合作

加强对古代灿烂茶文化的研究，是传承和创新茶文化的重要基础。可以组织专家学者对古代茶文化典籍、文物、遗址等进行深入研究，梳理茶文化的发展脉络，挖掘茶文化的内涵和价值。

在继承古代茶文化的基础上，要结合时代需求进行创新。例如，可以将现代科技与茶文化相结合，开发出智能化的茶具、茶叶保鲜技术等；可以将茶文化与时尚元素相结合，推出具有创意的茶产品包装、茶饰品等；可以将茶文化与艺术相结合，创作以茶为主题的绘画、音乐、舞蹈等作品。

可以通过举办国际茶文化节、茶文化研讨会、茶艺大赛等活动，加强国内外茶文化的交流与合作。邀请国内外的茶艺师、茶文化学者、茶企业代表等参加活动，分享各自的经验和成果，促进茶文化的传播和发展。

还可以通过建立茶文化交流中心、开展茶文化交流项目等方式，搭建国内外茶文化交流的平台。加强与国际组织、国外文化机构的合作，共同推动茶文化的国际化进程。同时，也可以将国外优秀的茶文化元素引入国内，丰富中国茶文化的内涵。

三、茶文化在现代社会的价值

（一）审美价值

1. 增强学生的审美感知力

采茶戏、茶诗歌、茶艺表演等蕴含审美意境与茶道精神，可以提升学生对音乐的理解和审美感知力。

茶文化与音乐艺术有着深厚的历史渊源。在当代音乐教育中，采茶戏、茶诗歌、茶艺表演等各种茶文化形式的应用，不仅要蕴含深厚的审美意境与茶道精神，还要增强动作的神韵与美感。学生通过聆听与观赏茶文化的艺术形式，能够真切感悟到茶文化的精神内涵及美的享受。随着学生在音乐知识方面的不断积累与提升，他们对音乐的表达方式会产生更多思考，也更易于把握音乐作品中蕴含的茶道精神、表达意境等，进而提升其审美感知力。

2. 有效拓展学生的想象力

学生通过学习与茶相关的音乐作品，能对茶园景象、茶农情感等展开丰富想象。

将茶文化应用于当代音乐教育中，能够有效帮助学生体验美、发现美以及拓展美，获得丰富的情感体验，深化学生对人生、对生活的感悟，增加想象的空间。例如，在当代音乐教学中学习作品《十二月采茶》时，蕴意饱满的曲词能让学生体会到茶农愉悦欢快的心情与奋发向上的积极态度，还能让学生在此基础上对茶园的景象、茶农的情感及辛勤劳作的画面等展开丰富的想象。

（二）人格塑造价值

1. 有助于学生树立正确的价值观与人生观

茶自古就被中华民族视为高尚情操与健全人格的重要象征符号。自古至今，无数文人骚客在茶的陪伴下洞悉世事人情，领悟清净为怀、虚怀若谷的道理，且将茶作为支撑自己精神家园的重要支柱，创作出一部部脍炙人口的茶诗词、采茶戏、茶歌曲等。在当代音乐教育中引入与茶息息相关的作品，对学生深入理解茶文化内涵与音乐本质有极大帮助。古代人对茶味、茶秉性的解读实质是对茶的意蕴与精神的赞美，是为了塑造更为高尚的品质与人格，树立正确的价值观与人生观。

2. 有助于塑造学生的健全人格与道德情操

在当代音乐教育中运用茶文化，可以让学生认识到自身的不足并及时予以改正。例如，通过欣赏与茶相关的音乐作品，学生可以反思自己的行为和思想，从而促进人格健全与道德情操的塑造。

（三）社会功能价值

1. 有利于社区文明建设

茶文化是应对人生挑战的益友，在激烈的社会竞争下，紧张的工作、复杂的人际关系以及依附在人们身上的各类压力使人不堪重负。参与茶文化活动，可以使人们精神和身心放松，以应对人生的挑战。同时，茶文化有利于社区文明建设，经济发展了，文化不能落后，社会风气不能污浊，道德更不能沦丧。改革开放后，茶文化的传播表明，茶文化有改变社会不正当消费观念、创建精神文明、促进社会进步的作用。

2. 有利于人的身心放松

在现代社会中，人们面临着各种压力，而茶文化可以成为人们应对人生挑战的益友。以茶会友、品茶叙事，亲切祥和，能够让人们在忙碌的生活中找到片刻宁静，放松精神和身心，更好地应对人生的挑战。

3. 有利于人的心态平衡

茶文化以茶德为中心，重视人的群体价值，倡导无私奉献，反对见利忘义和唯利是图，主张义重于利，注重协调人与人之间的相互关系，提倡对人尊敬，重视修身养德，有利于人的心态平衡，解决现代人的精神困惑，提高人的文化素质。

4. 有利于推进国际文化交流

中国茶文化是中华文化的重要组成部分，通过茶文化的传播和推广，可以促进中华文化与其他文化的交流与融合。国际茶文化的频繁交流，使茶文化跨越国界，广交天下，成为人类文明的共同精神财富。例如，我国申报的“中国传统制茶技艺及其相关习俗”通过评审，列入联合国教科文组织人类非物质文化遗产代表作名录，这将进一步促进国际文化交流，让更多的人了解和喜爱中国茶文化。

第二章 茶叶的基本知识

第一节 茶树介绍

一、茶树的生长环境

（一）气候条件

1. 温度要求

茶树生长对温度有特定的要求。环境温度在 20~25 ℃时最适宜生长，当新芽萌动时，日均温度需超过 10 ℃，而一旦温度超过 30 ℃，茶树生长便会停止。在适宜的温度范围内，茶树的生长发育速度适中，能够充分进行光合作用和呼吸作用，合成和积累丰富的营养物质，为茶叶的品质奠定基础。

2. 降水需求

年降雨量在 1500 毫米左右适宜茶树生长。在茶树的生长期中，夏季需水量最多，因为夏季气温高，蒸发量大，茶树的生长速度也较快，需要更多的水分来维持正常的生长。春秋两季次之，冬季更次之。充足的降雨量能够保证茶树在生长过程中有足够的水分供应，使茶树的芽叶和枝条生长旺盛，叶片柔软多汁，提高茶叶的品质。

3. 光照条件

茶树喜光耐阴，对紫外线有特殊嗜好，这也是高山出好茶的原因之一。在一定高度的山区，雨量充沛，云雾多，空气湿度大，漫射光强，这种环境对茶树生长极为有利。漫射光能够促进茶树进行光合作用，合成更多的有机物质，同时也能减少强光对茶树的伤害，使茶树生长得更加健壮。

（二）土壤要求

1. 土壤类型

茶树适宜生长在土层深厚、保水与保肥力强的酸性土壤中，pH 值范围为 4.5~6.5。酸性土壤能够满足茶树对养分的需求，促进茶树根系的生长和发育。同时，土层深厚的土壤能够为茶树根系提供足够的生长空间，保水与保肥力强的土壤则能够保证茶树在生长过程中有充足的水分和养分供应。

2. 土壤质地

茶树生长要求土质疏松、排水和通气较好。土质疏松的土壤有利于茶树根系的伸展和呼吸，排水良好的土壤能够避免茶树根系因积水而腐烂，通气较好的土壤则能够为茶树根系提供充足的氧气，促进茶树的生长发育。

（三）地形影响

1. 海拔

在一定高度的山区，雨量充沛，云雾多，空气湿度大，漫射光强，对茶树生长有利，但不是越高越好。一般来说，海拔在 600~800 米为好，海拔高于 1000 米以上往往茶树生长发育会受阻，芽叶反而瘦小，内含物质更丰富会产生微苦涩感。随着海拔的升高，气温逐渐降低，昼夜温差增大，这有利于茶树积累更多的营养物质，提高茶叶的品质。然而，过高的海拔会导致茶树生长受到限制，甚至出现冻害情况。

2. 坡地坡向

茶树种植一般选择偏南坡，并且坡度不宜太大，30 度以下最适合。偏南坡能够获得更多的阳光照射，有利于茶树的生长发育。同时，坡度在 30 度以下的坡地能够保证土壤的稳定性，避免水土流失，为茶树提供良好的生长环境。

二、茶树的形态特征

（一）枝、干和茎

1. 植株高度

茶树株高一般在 1.5~5.0 米之间。野生茶树株高可达 10 米以上，其树姿披张，多干丛生，如云南等地原始森林中生长的野生大茶树，其高大的树姿给人以壮观之感。普通茶树的高度通常在人们较为熟悉的范围内，而野生茶树的高度则令人惊叹，展现出其强大的生命力和适应能力。

2. 嫩枝特征

茶树的嫩枝无毛或者有稀疏微毛，幼茎柔软，呈青绿色，着生茸毛。这些嫩枝的特征使其在生长过程中显得生机勃勃，青绿色的幼茎和稀疏的微毛给人一种清新自然的感觉。不同种类茶叶的嫩枝茎形态各异，例如绿茶的嫩枝茎呈嫩绿色，条形较细，表面光滑；红茶的嫩枝茎呈深红色，条形稍粗，表面有凹凸不平的纹理；乌龙茶的嫩枝茎则介于绿茶和红茶之间，呈黄褐色，条形宽细适中，表面稍有白毫。

3. 芽的分布

茎的顶端和叶腋处均有芽的分布，主枝明显，侧枝生长受到抑制。这种芽的分布特点使得茶树在生长过程中能够集中养分，促进主枝的生长和发育。同时，芽的分布也为茶树的采摘提供了便利，人们可以根据芽的位置和生长情况进行合理的采摘，以保证茶叶的品质和产量。

（二）叶

1. 叶片形状

茶树单叶互生，呈椭圆状披针形、倒卵状披针形，叶长 5~20 厘米、叶宽 2~8 厘米。这种叶片形状使得茶树在进行光合作用时能够充分吸收阳光，提高光合作用的效率。同时，不同的叶片形状也为人们辨别茶叶的品种提供了依据，例如大叶种茶树的叶片通常较大，呈椭圆状披针形；小叶种茶树的叶片则相对较小，呈倒卵状披针形。

2. 叶片质地

叶革质，有光泽，先端渐尖，基部楔形，边缘有锯齿，嫩叶背面的茸毛随叶片的成熟逐渐脱落。茶树叶片的革质质地使其具有较强的韧性和耐久性，能够适应不同的环境条件。有光泽的叶片表面则增加了茶树的美观度，使其在茶园中成为一道亮丽的风景线。嫩叶背面的茸毛随着叶片的成熟逐渐脱落，这一过程也反映了茶树的生长发育过程。

3. 叶片类型

茶树叶片有鳞叶、鱼叶和真叶 3 种。鳞叶呈黄绿色或褐色，质地较硬，有茸毛和树脂。鳞叶通常生长在茶树的幼嫩部位，起到保护茶树芽的作用。鱼叶呈黄绿色，侧脉不明显，一般生长于树梢基部。鱼叶是茶树新梢上抽出的第一片叶子，其形状和颜色与真叶有所不同。真叶变异较大，以卵形和椭圆形为主。真叶是茶树进行光合作用和制造养分的主要器官，其形状和大小因品种、生长环境等因素而异。

（三）花

1. 生长位置与数量

茶树花常 1~4 朵生长于茶树枝条的叶腋处，具有芳香气味。茶树花的生长位置使其在茶园中显得格外引人注目，同时芳香气味也为茶园增添了一抹迷人的气息。茶树花的数量因茶树的品种、生长环境等因素而不同，一般来说，生长在适宜环境中的茶树花数量较多。

2. 花的结构

茶树花直径 2~5.5 厘米，属完全花，包含花托、花萼、花瓣、雄蕊和雌蕊。花萼呈绿色，分 2 轮排列，内轮 2 片、外轮 3 片；花萼的长和宽均为 0.4~0.6 厘米，先端圆或呈倒卵形，膜质。花瓣为白色，5~7 瓣基部连合，有副瓣，位于花萼与花瓣之间。花冠直径 4~5 厘米，最大可达 7~9 厘米。每朵花含有 200~300 个雄蕊，分两轮排列，外轮雄蕊高于内轮雄蕊；花丝细长，上端呈椭圆形，基部扁平，3~5 个结合成一组。雌蕊在雄蕊群的中央，子房由 3~5 个心皮组成，中轴胎座，每个心室着生 4 个胚珠；花柱有“Y”形孔道，柱头分裂，一般有 3 个分叉，呈“Y”形。茶树花的结构复杂而精细，每一个部分都有着独特的功能和作用。

（四）果实和种子

1. 果实形态

茶树果实为宿萼蒴果，呈扁球形，成熟时从背缝线裂开。茶树果实的形态独特，扁球形的果实给人一种圆润可爱的感觉。成熟时以背缝线裂开的方式为种子的传播提供了便利。

2. 种子特征

茶树种子的颜色多样，有黑褐色、棕褐色、油黑色等，这些颜色不仅增加了种子的美观度，也为人们辨别茶树的品种提供了依据。茶树种子还富含营养物质，具有一定的药用价值和经济价值。

三、茶树的种类

茶树品种繁多，可依据不同标准进行分类。

（一）按树型分类

1. 乔木型

乔木型茶树树形高大，主干明显、粗大，枝部位高，多为野生古茶树。在云南发现的野生古茶树，树高10米以上，主干需二人合抱。乔木茶的茶树能长到几米到几十米，采茶时可以直接站在它的树干上采摘。通常树高3~5米以上，分布于我国热带或亚热带地区，以西南、华南地区为主。随着近代的利用和推广，乔木型茶树不仅在云南省西南部大面积种植，而且分布到广东、广西以及四川、贵州、湖南、福建等。

2. 小乔木型

小乔木型茶树有明显的主干，主干和分支容易区分，但分枝部位离地面较近。植株通常为1.5~3米左右，亦分布于热带或亚热带地区，植株较高大，植株上部主干不明显，分枝较稀，叶片较大，但比乔木型小。小乔木型茶树主要产地集中分布于福建、广东、广西、湖南等地。

3. 灌木型

灌木型茶树主干矮小，分支稠密，主干与分枝不易分清，我国栽培的茶树多属此类。其没有明显主干，分枝较密，多近地面处，树冠短小，通常为1.5米以下。适合人工大面积种植，江南茶区是我国灌木茶的主产区。

（二）按叶片大小分类

1. 特大叶种

叶面积≥60平方厘米，一般特大叶种茶树叶大且柔软，叶面的革质层也比较薄。特大叶种茶树的叶片较大，茶多酚等含量高，制出的茶味道浓烈。

2. 大叶种

叶面积≥40~60平方厘米。大叶种茶树叶形椭圆，叶尾大，主脉明显，分脉密集而清晰，叶背绒毛多而显著，叶边锯齿明显。普洱茶显然属于此类叶种茶。大叶种茶叶茶多酚、咖啡碱等有效物质含量较高，制成的茶味道较浓烈。

3. 中叶种

叶面积≥20~40 平方厘米。中叶种叶片形状多为椭圆形或长椭圆形，叶尖渐尖或锐尖，叶基楔形或阔楔形。叶色通常为黄绿色或深绿色，相对于大叶种茶树，颜色较为浅淡。在茶叶制作中起到平衡口感和香气的作用。

4. 小叶种

叶面积≤20 平方厘米。小叶种茶树叶形椭圆，两齿间距离密集，叶片较薄，叶背绒毛少而稀，几乎是对称形芽尖。小叶种茶叶胡萝卜素、茶黄素总量高，制出的茶叶香气较高。

（三）按进化选择方式不同分类

1. 野生型

野生型茶树是指在一定地区经长期自然选择所保留下来的茶树类型。其数量较少，有些还带有毒性，不适宜饮用。原始的野生型茶树是茶科植物未进化成现代可饮用茶树的祖先。野生型茶树为乔木型，树姿高挺，由于没有采摘，高度多在几米至几十米之间。茶叶因种生而容易发生变异，口感、香气也复杂多变。

2. 栽培型

栽培型茶树是人类通过对野生茶树进行选择、栽培与驯化，创造出的茶树新类型。它是自然选择和人工选择两者结合的产物，云南当地的古茶树绝大多数都是栽培型而非野生型，系云南茶区先民栽种的。栽培型大茶树是数百年前云南先民栽培的茶林，以乔木或小乔木型居多，树枝多开展或半开展，后来为了便于采摘而限制树高，高度多在 2~3 米间。栽培型茶树的树龄多在 100~500 年间，少数古树的寿命达到一两千年，树高可达十几米至几十米。其嫩叶多银毫，叶片肥厚，主副叶脉明显。茶质较厚重，茶汤甜滑，刺激性低，香气饱满深沉。

3. 过渡型

栽培型茶树由野生型茶树进化而来，在漫长的进化过程中，形成了一些既具有野生型特征又具有栽培型特征的茶树类型，后将它们统称为过渡型茶树。

（四）按栽培方式分类

1. 台地密集型

台地密集型指多依山开辟，在起伏平缓的山地、丘陵依照等高线修筑环形梯田，以播种或扦插的方式栽种茶树，栽种的密度较高，需要定型修剪来人为干预其生长，限制其生长高度，以利于采摘和增长。但由于生态环境单一、土壤肥力不足等问题也需要施肥、打药来保证产量。

2. 山地野放型

山地野放型指多生长在距离村庄较远的山林中，以茶籽播种繁育，粗耕野放，极少有人为干预，任其自然生长。采摘较为不便、产量较低且不稳定，但茶质较好。

（五）按繁殖方式分类

1. 有性繁殖

种子植物以种子进行繁殖，新植株生命力强、寿命长、富有遗传变异性。茶树用种子繁殖既可直播又可育苗移栽，历史上最早采用直播的方式，其能节约育苗与移栽工序所耗的劳力和费用，且幼苗生活能力较强。育苗移栽可进行集约化管理，便于培育，并可选择壮苗，使茶园定植的苗木较均匀。

2. 无性繁殖

由植物部分营养器官形成新个体，其方法有分生、压条、扦插、嫁接等。茶树的无性繁殖早期采用压条方式，但因繁殖速度慢，后改为扦插育苗。现在我国大多数茶的繁殖都采用这种方式。无性繁殖的植株只具有亲本的遗传特性，不易产生变异，早开花、早结果，但根系弱、寿命短，会产生退化现象。

四、茶树的栽培技术

（一）种植季节与模式选择

1. 选择合适季节

一般来说，茶树种植应与种植地区的雨季相一致。在南方地区，多在 11 月中下旬至 12 月或早春进行种植，此时土壤湿润，茶苗处于休眠期。秋植有利于发根，成活率优于春植。例如南方在 11 月中下旬至 12 月天气不干旱时种植，是茶树种植的良好时机。

2. 确定种植模式

茶树栽培主要有单条栽和双条栽两种模式。

单条栽：种植行距 1.3~1.5 米，丛距 25~33 厘米，每丛种植 2~3 株，每亩用苗 2500~4000 株。在气温较低或海拔较高的茶区，行距可适当缩小到 1.2~1.3 米，丛距缩小到 20 厘米左右。

双条栽：每两条以 30 厘米的小行距相邻种植，大行距为 1.5 米，丛距为 25~33 厘米，每丛种植 2~3 株，每亩用苗 4000~6000 株。与单条栽相比，双条栽成园和投产较快，同时保持了日后生产管理的便利性，目前已逐渐成为主要的种植方式。

（二）茶苗移栽定植

1. 移栽前准备

茶苗移栽前，先要在待种植的茶园内开好沟，沟深 35 厘米左右，施下底肥。未施基肥的应施入，挖翻种植沟，使肥料与土壤充分混合，再回土到满沟，之后拉绳索于植茶沟中定茶行位置，绳子两端用木桩固定。对于缓坡等高种植或梯地茶园，因地形关系，种植沟有的呈弧形弯曲，茶行弯度应与沟的弯度一致，按计划定植的株距在沟中插上竹桩或细木桩定栽苗位置，以便定植时排列整齐。如果是从外地调运茶苗，在取苗前一大要浇湿圃地，以减少茶苗失水和取苗时伤根。

2. 移栽方法

茶苗称栽宜选择无风的阴天起苗定植。实生苗的主根太长，可以适当剪短些。种植时，将茶苗根系舒展平铺在种植沟底部，覆土踩紧，防止上紧下松，使泥土与茶根密切结合。覆土后将茶苗轻轻向上提一提，让茶根在土中更好地舒展。移栽后若连续晴天，一般隔 3~5 天浇水 1 次，每次浇水要浇透，使根部土壤全部湿润。

（三）保苗与补苗

1. 护苗措施

茶苗移栽后，一般生长幼弱，根系浅，抗旱能力差，因此要做好护苗工作。可采用铺草或浅耕来提高抗旱能力，其中铺草防旱效果较好，其比未铺草覆盖的茶园茶苗成活率高 20% 以上。

2. 补苗方法

如果有缺苗的地方，应该及时补同龄茶苗，一般就地间苗补缺，或用备用苗补缺。补缺的方法和补后的管理，与移栽茶苗的方法一样。

（四）茶园管理

1. 中耕除草

加强茶园管理，要及时清除杂草。可结合追肥进行浅耕松土，一般春茶生长至 4—5 月时进行第一次浅耕除草，茶树两侧 33 厘米范围内，浅锄除草 7~10 厘米，33 厘米以外中耕 13~17 厘米深；夏季后 7—8 月进行第二次浅耕除草；秋茶后，10—11 月中耕培土，在茶树根 33 厘米范围内浅耕，33 厘米以外中耕。

2. 施肥方法

幼龄茶园：幼龄茶园追肥应做到勤施，少量多次。一年生茶园从栽后第一年的 4 月下旬施第一次追肥，距茶苗 15 厘米远的地方，浇上半瓢清粪水（50 升水兑三四瓢猪粪尿或 250~300 克硫酸铵），以后每次每亩可施尿素 6~8 公斤；二、三年生茶园每次每亩施尿素 8~10 公斤。施肥后应立即覆盖，特别注意不能干施。秋冬天基肥以农家厩肥、草肥为主。

成年茶园：春茶后追肥宜早不宜迟，一般生产茶园每亩施尿素 15~20 公斤，高产茶园适当增加，台刈或重修剪的茶园除施尿素外应增施有机肥。茶树经过春梢萌发和采摘之后，体内养分大量被消耗，只有及时追肥，才能保证茶树的正常生长。

3. 病虫害防治

综合运用农业、物理、生物和化学防治措施，创造有利生态环境，减少病虫害发生。例如对于茶毛虫，可及时摘除卵块和虫群，利用灯光诱杀成虫，在低龄幼虫时期前喷药防治，药剂可选用 1 万 PIB · μL 茶毛虫核型多角体病毒、2000 IU/L 苏云金杆菌悬浮剂 1000 倍液、0.6% 苦参碱水剂 800~1000 倍液、10% 联苯菊酯水乳剂 3000 倍液和 2.5% 溴氰菊酯乳油 2000~3000 倍液等。对于茶炭疽病，要加强茶园管理，做好积水茶园的开沟排水，秋、冬季清除落叶，选育抗病品种，增强抗病力，注意茶树种植密度不宜过大，及时修剪，清除病枝、病叶等。幼龄茶园由于苗木移栽导致前后生态环境改变，加上初期苗木长势较弱，对病、虫的抵抗力不强，需加强病虫害防治。

五、茶树的价值

（一）观赏价值

茶树具有较高的观赏价值，其形态优美，可营造花坛、花境，为环境增添美感。茶树的植株高度多样，有野生种高达 10 米以上的乔木型茶树，也有普通的小乔木型和灌木型茶树，不同类型的茶树树姿各异，有的树姿披张，多干丛生，给人以壮观之感；有的植株挺拔直立，抗寒性极强。茶树的叶片形状多样，有椭圆状披针形、倒卵状披针形等。茶树叶革质有光泽，边缘有锯齿，嫩叶背面披茸毛，茸毛随着叶片成熟逐渐脱落，不同的叶片形状和质地为茶树增添了丰富的层次感。茶树花常 1~4 朵生长于叶腋，具有芳香气味，花直径为 2~5.5 厘米，属完全花，包含花托、花萼、花瓣、雄蕊和雌蕊，花萼绿色，花瓣白色，有副瓣，花冠直径较大，每朵花含有众多雄蕊和雌蕊，结构复杂而精细，茶树花的美丽为茶园增添了迷人的气息。茶树果实为宿萼蒴果，呈扁球形，成熟时从背缝线裂开，果实的形态独特，也具有一定的观赏价值。

（二）经济价值

茶叶的经济价值。不同年龄、品种的茶树生产的茶叶品质和市场价格不同。随着茶树年龄的增长，茶叶的品质逐渐提升。据茶叶行业专家介绍，相较于年轻茶树，几十年的老茶树所生产的茶叶品质往往更高，口感更加浓郁，营养成分也更加丰富。这是因为茶树的年龄越长，其根系越发达，可以更好地吸收土壤中的养分，从而提升茶叶的品质。因老茶树茶叶稀缺，市场需求大，故价格较高。例如古树茶，由于其生长在深山老林中，生态环境独特且难以复制，每一棵上百年树龄的古茶树所蕴含的营养物质极为丰富，并且随着时间的推移，古茶树资源越来越少，这使得古树茶变得愈发珍贵。像老班章的价格从 2000 年的几元 1 公斤，到如今上万元起步，短短二十年间价格上涨了 1000 倍。凤凰单丛茶是一种高档茶叶，以古树红茶的茶叶为原料，经过精心加工而成，具有红茶的一系列特点和独特风味。老茶树普洱茶由老茶树叶制成，与普通普洱茶相比，有更加浓郁的香气和口感，但价格也相对较高，一般来说，1 斤老茶树普洱茶的价格在几百到上千元之间。

茶籽油价值。茶籽油，又名野山茶油、山茶油、油茶籽油。茶籽油取自油茶树的种子，不含芥酸、胆固醇、黄曲霉毒素等对人体有害的物质。其色泽金黄或浅黄，品质纯净，澄清透明，气味清香，味道纯正，为纯天然木本食用植物油。茶籽油还具有保护皮肤、减肥、去除妊娠纹等功效。不饱和脂肪酸有“美容酸”之称，能使皮肤细嫩润泽，头发乌黑发亮，茶籽油含有维生素 E 和抗氧化成分，能保护皮肤，尤其能防止皮肤损伤和衰老，使皮肤具有光泽。茶籽油的不饱和脂肪酸含量最高，人体食用后易被吸收，具有减肥的作用，孕妇在产后食用更有助于消除怀孕期间积累的小腹脂肪，能帮助迅速恢复身材。用茶籽油擦于妊娠纹处，轻轻按摩，长期坚持使用，可去除妊娠纹，或使之变浅。用茶籽油在眼角皱纹处轻轻按摩，可去细纹，减轻深纹。

（三）药用价值

嫩叶或嫩芽的药用价值。茶树的嫩叶或嫩芽具有治疗头痛目昏、感冒、高血压、水肿等疾病的作用。茶树中含有大量的茶多酚、咖啡碱等成分，饮用以后可以促进身体的新陈代谢，在一定程度上还可以达到清热解毒的效果，缓解口干舌燥、咽喉肿痛等症状。茶叶中的咖啡因和茶碱等成分可以刺激神经系统，提高人的警觉性，帮助人保持清醒、集中注意力。茶多酚等物质可以降低血脂，预防心血管疾病的发生。此外，茶多酚等成分还具有抗氧化作用，可以清除自由基，预防癌症的发生。

花、果实和根的药用价值。茶树花、果实和根具有一定的药用功效，如抗氧化、抗菌消炎、抗病、抗肿瘤等。茶树祛痘原液是由老茶树茶叶提取的萃取物，具有抗菌消炎的作用，其中的茶树油含有丰富的茶树酚和茶叶酮等成分，其具有很强的抗菌能力，可以有效杀灭痤疮病原菌和细菌，减少痘痘的发炎和感染。茶树祛痘原液还可以控制油脂分泌，茶叶酮可以控制皮脂腺的过度分泌，减少油脂堵塞毛孔，从而减少痘痘的生成。此外，茶树祛痘原液可以改善肌肤状况，具有良好的营养保湿性质，可以滋润肌肤，平衡油水，改善肌肤干燥、粗糙的问题，使肌肤保持光滑细腻。同时，茶树祛痘原液还具有淡化痘印、疤痕的效果，可改善肌肤的质地和色素，让肌肤变得更加光亮。

第二节　茶叶的种类及特点

一、茶叶的种类

中国的茶叶种类很多，分类方法自然也很多，但被大家熟知和广泛认同的就是按照茶的色泽与加工方法分类，分为绿茶、黄茶、红茶、黑茶、白茶、青茶六大类。

（一）绿茶

绿茶的特点是鲜爽，有清香或者青草香，还有花果香、豆香、板栗香等。绿茶是不经过发酵的茶，保留了鲜叶的天然物质。其色泽翠绿，茶汤清澈明亮，给人一种清新自然的感觉，如图 2-2-1 所示。其代表茶有西湖龙井、碧螺春、六安瓜片、太平猴魁等。

图 2-2-1　绿茶

西湖龙井产于浙江杭州西湖一带，是中国十大名茶之一。龙井茶色泽翠绿，香气清高，滋味鲜醇甘爽，汤色黄绿明亮。其外形扁平光滑，形似雀舌，芽叶细嫩，匀齐成朵。

碧螺春产于江苏苏州太湖洞庭山，是中国十大名茶之一。碧螺春茶条索纤细，卷曲成螺，满身披毫，银白隐翠，香气浓郁，滋味鲜醇甘厚，汤色碧绿清澈。

六安瓜片产于安徽六安大别山一带，是中国十大名茶之一。六安瓜片的外形，似瓜子形的单片，自然平展，叶缘微翘，色泽宝绿，大小匀整，不含芽尖、茶梗，清香高爽，滋味鲜醇回甘，汤色清澈透亮。

太平猴魁产于安徽黄山区，是中国十大绿茶之一。其外形是两叶抱芽，扁平挺直，不卷不翘，有白毫。滋味鲜爽醇厚，回味甘甜，泡茶时不苦不涩。香气高雅清新，有兰花香。汤色清澈明亮，呈黄绿色。叶底嫩绿匀整，有光泽。

（二）黄茶

黄茶的特点是黄汤黄叶，有熟香感觉，如粽叶香、玉米香、栗香，口感比绿茶更醇厚柔和。黄茶是轻微发酵茶，在制作过程中经过了独特的闷黄工艺，使茶叶呈现出黄色的色泽和独特的香气，如图 2-2-2 所示。其代表茶有君山银针、蒙顶黄芽、霍山黄芽等。

图 2-2-2　黄茶

君山银针产于湖南岳阳的君山，是中国十大名茶之一。其茶叶外形紧细如针，色泽金黄光亮，内质香气高爽，汤色橙黄明亮，滋味甘醇鲜爽，被誉为“黄茶之冠”。

蒙顶黄芽产于四川雅安的蒙顶山，是中国最古老的名茶之一。其茶叶外形扁平挺直，色泽黄润，内质香气馥郁，汤色黄亮，滋味鲜爽回甘，具有独特的山地韵味。

霍山黄芽产于安徽省霍山县，其茶外形紧细挺直，色泽黄绿润亮，香气清高持久。其制作工艺讲究，采摘自早春时节的嫩芽，经过精心制作而成。汤色杏黄明亮，滋味醇厚鲜爽。

（三）红茶

红茶的特点是醇厚，花香、果香、蜜香较多，如正山小种有松烟香和桂圆汤香。红茶是全发酵茶，经过发酵后，茶叶中的茶多酚减少，产生了茶黄素、茶红素等新成分，使红茶具有独特的色泽和香气，如图 2-2-3 所示。其代表茶有正山小种、金骏眉、祁门红茶、云南滇红等。

正山小种产自福建省桐木关，是红茶的鼻祖。优质的正山小种品质特点是外形条索肥壮重实，色泽乌润有光。冲泡后，香气高长且带松烟香，滋味醇厚且带桂圆味，汤色红浓，叶底厚实，呈古铜色。

金骏眉的原料为武夷山国家级自然保护区内、海拔 1500~1800 米高山的原生态小种野茶鲜叶，仅采摘芽尖部分。金骏眉的品质特点是干茶外形细小而紧秀，颜色为金、黄、黑相间，细看金黄色的为茶的绒毛、嫩芽，汤色金黄，其香气滋味似果、蜜、花、薯等综合香型，滋味鲜活甘爽，喉韵悠长，沁人心脾，十余泡口感仍然饱满甘甜，叶底舒展后，芽尖鲜活，秀挺亮丽。

祁门红茶产于安徽省祁门县，是祁门红茶中的佼佼者。国外将祁门红茶与印度大吉岭茶、斯里兰卡乌伐的季节茶并称为世界三大高香茶。优质祁红的品质特点是条索紧秀而稍弯曲，有锋苗，色泽乌黑泛灰光，俗称“宝光”。冲泡后香气浓郁高长，有蜜糖香，蕴含兰花香，素有“祁门香”之称，滋味醇厚，回味隽永，汤色红艳、明亮，叶底鲜红嫩软。

云南滇红产自云南省，以色、香、味、形俱佳而闻名。优质川红的品质特点是条索肥壮、圆紧、显毫，色泽乌黑油润。冲泡后，香气清鲜带果香，滋味醇厚爽口，汤色浓亮，叶底红明匀整。

图 2-2-3　红茶

（四）黑茶

黑茶的特点是醇厚，陈化后细腻柔和，有药香、槟榔香、菌香。黑茶是后发酵茶，制作工艺独特，经过渥堆发酵等工序，使茶叶在存放过程中不断陈化，产生独特的香气和口感，如图 2-2-4 所示。其代表茶有安化黑茶、湖北老青茶、广西六堡茶、普洱茶等。

安化黑茶产于湖南省安化县，分为“三尖（湘尖）”（天尖、贡尖、生尖）、“三砖”（茯砖、黑砖、花砖）及“一卷”（花卷，又称千两茶）几个品类。安化黑茶的制作工艺包括杀青、初揉、渥堆、复揉及干燥，其中渥堆被认为是黑茶品质形成的关键工序。

湖北老青茶以湖北青砖茶为代表。湖北青砖茶生产工艺主要包括毛茶初制、渥堆陈化、复制拼配和成型醇化，主产地分布在长江流域武陵山区、鄂西南三峡宜昌地区和幕阜山区。其以砖体匀整，香气浓郁，滋味醇和，汤色橙红透亮，叶底棕褐等特点著称。

广西六堡茶产于广西苍梧县六堡乡，具有干茶色泽黑褐光润，汤色红浓似琥珀，滋味醇和干爽、润滑可口，有槟榔香，叶底红褐色，耐冲泡等独特的品质特征，素以红、浓、陈、醇四绝著称。

普洱茶分为生茶和熟茶两种，生茶自然发酵，熟茶人工催熟。其具有越陈越香的特点，经过陈化后，茶汤醇厚，香气独特。

图 2-2-4　黑茶

（五）白茶

白茶的特点是越陈越香，新白茶有花香、豆香及微微青草香，老白茶有药香、枣香、荷花香等。白茶属微发酵茶，制作工艺简单，主要是将鲜叶进行萎凋和烘干，如图 2-2-5 所示。其代表茶有白毫银针、白牡丹、贡眉、寿眉等。

白毫银针以单芽为原料，外形肥壮，满披白毫，如银似雪。汤色浅黄，滋味鲜醇，有毫香。

白牡丹以一芽一、二叶为原料，外形呈花朵状，绿叶夹银白色毫心，形似花朵。汤色杏黄或橙黄，滋味鲜醇，有毫香。

贡眉以一芽二、三叶为原料，外形稍卷曲，叶张较粗老。汤色橙黄，滋味醇厚，有花香。

寿眉以一芽三、四叶为原料，外形较粗松。汤色橙黄或深黄，滋味醇厚，有陈香。

图 2-2-5 白茶

(六)青茶(乌龙茶)

青茶(乌龙茶)的特点是清香醇厚，分为细腻花果香型、花果香型、老火香型、老火粗味型。乌龙茶属半发酵茶，制作工艺复杂，兼具绿茶的清香和红茶的醇厚，如图 2-2-6 所示。其代表茶有铁观音、大红袍、水仙肉桂、凤凰单丛等。

铁观音产于福建安溪，有“七泡有余香”之誉。清香型铁观音香气清高馥郁，汤色清澈金黄，滋味醇厚鲜爽；浓香型铁观音香气浓郁持久，汤色金黄明亮，滋味醇厚甘爽；陈香型铁观音具有独特的陈香，汤色深红，滋味醇厚回甘。

大红袍产自福建武夷山，是中国最有名的岩茶之一。其茶叶色泽红艳，滋味浓郁醇厚，被誉为红茶之王。外形条索紧结，色泽绿褐鲜润，冲泡后汤色橙黄明亮，叶片红绿相间，有明显的“绿叶红镶边”之美。

水仙肉桂水仙茶香气清幽，滋味醇厚；肉桂茶香气浓郁，滋味辛锐。两者都是武夷岩茶的代表品种。

凤凰单丛产于广东潮州，有多种香型，如蜜兰香、芝兰香、桂花香等。外形条索粗壮，匀整挺直，色泽黄褐，油润有光，冲泡后香气清高持久，滋味醇厚回甘。

图 2-2-6 青茶

二、茶叶的功效与作用

茶叶作为一种古老而广泛饮用的饮品，具有丰富的营养价值和多种功效。不同种类的茶叶在共同功效的基础上，又各自有着独特的作用。

（一）不同种类茶叶的共同功效

提神醒脑：茶叶中含有咖啡碱，能兴奋中枢神经，缓解疲劳，提高工作效率。无论是在忙碌的工作中，还是在学习的紧张时刻，一杯茶都能让人精神焕发。例如，许多上班族在感到疲倦时，会泡一杯茶来提神，以更好地完成工作任务。

抗氧化：茶多酚具有抗氧化的作用，能够减少紫外线辐射对皮肤的损伤，加速肌肤代谢。现代生活中，人们面临着各种环境污染和紫外线辐射，而饮茶可以在一定程度上帮助我们抵御这些伤害。科学研究表明，茶叶中的茶多酚等成分具有很强的抗氧化能力，能够清除体内自由基，延缓衰老。

利尿：喝茶可以提高肾脏滤出率，促进尿液排泄。这对于维持身体的水分平衡和排泄废物起着重要作用。例如，一些人在饮水过多或身体出现水肿时，适量饮茶可以帮助促进尿液排出，缓解不适。

护齿：茶叶中的含氟量较高，能够保护牙齿，预防龋坏。茶叶中的氟元素可以与牙齿中的钙结合，形成氟磷灰石，增强牙齿的抗酸能力，有效预防龋齿。此外，用茶水漱口还能抑杀病菌，进一步保护口腔健康。

（二）各类茶叶的特殊功效

绿茶能够清热除烦、生津止渴、清心润肺，可用于慢性咽炎、感冒、心烦口渴等病症。绿茶是未经发酵茶，含有丰富的维生素A、维生素E以及多种微量元素。其清新的口感和独特的功效，深受人们喜爱。在炎热的夏天，一杯绿茶可以给人带来清凉的感觉，缓解暑热。同时，对于经常用嗓的人群，如教师、歌手等，绿茶也有一定的保护嗓子的作用。

红茶性温暖胃，有独特的麦芽糖香，能够养胃护胃。红茶是全发酵茶，富含胡萝卜素、磷、镁、钾、咖啡碱、茶黄素、茶红素等多种营养物质。对于胃寒的人来说，适量饮用红茶可以起到暖胃的效果。尤其是在寒冷的冬天，一杯热气腾腾的红茶，不仅能温暖身体，还能带来愉悦的心情。

白茶能够退热祛暑，含有丰富的多糖，可以降血脂、降血糖。白茶属微发酵茶，含有大量氨基酸、维生素等物质，如茶多酚、茶多糖类、茶氨酸、咖啡碱、抗氧化维生素类、Y-氨基丁酸、茶叶皂苷等。在夏季，白茶是消暑的好选择。同时，对于高血脂、高血糖的人群，白茶也有一定的辅助治疗作用。

青茶能够消食解腻，减肥消脂。青茶又称乌龙茶，性平，适宜人群最广。其有不少好的品种，特别是陈放的乌龙茶，会出现令人愉悦的果酸，中医认为酸入肝经，因此有疏肝理气之功。在饭后饮用一杯青茶，可以帮助消化，减少脂肪的堆积。

黄茶能够提神醒脑、消食化滞。黄茶的功效与绿茶大致相似，但口感更为醇厚。黄茶中富含的茶多酚等成分，具有防癌、杀菌、消炎的作用。对于容易疲劳、消化不良的人群，黄茶是一个不错的选择。

黑茶能够消食减脂，保护心血管，润滑肠道。对于脸黑无光泽、喉咙肿痛、食欲减退、下痢、背脚冰冷、腰痛、精力衰退者，饮此茶较好。黑茶中的有益成分可以帮助调节身体的代谢功能，保护心血管健康。

（三）适宜人群与禁忌人群

1. 适宜人群

适宜人群包括疲倦困乏者、小便不利者、牙齿龋坏者等人群。工作压力较大的人可以通过饮茶提神醒脑、缓解疲劳；体力劳动者饮茶可以提高新陈代谢，减轻疲劳感；脑力劳动者饮茶有助于提高注意力和集中力。此外，茶叶中的氟元素对牙齿有保护作用，适合牙齿龋坏者饮用。

2. 禁忌人群

禁忌人群包括严重睡眠障碍者、神经衰弱患者、严重贫血患者等人群，细分为以下几种人群。

失眠人群：茶中的咖啡碱等成分可兴奋中枢神经，失眠的人群饮用后会加重失眠，所以严重睡眠障碍者和神经衰弱患者不可饮茶。

贫血患者：茶叶中的茶多酚可能与铁质结合，影响铁质的吸收，加重贫血症状，严重贫血患者不宜饮茶。

孕妇：茶叶中的咖啡碱可能对胎儿产生影响，容易导致流产、早产等问题。孕妇适量饮用淡茶较好，避免过量摄入咖啡碱。

儿童：茶叶中的咖啡碱对儿童神经系统有一定的刺激作用，可能影响身体发育。儿童不宜喝过多或者冲得过浓的茶。

胃病患者：茶叶中的茶多酚、咖啡碱等成分可能刺激胃黏膜，加重胃部不适，因此患有胃溃疡或胃炎的人不适合喝茶叶。忌空腹饮乌龙茶，容易出现茶醉的现象。

肝脏疾病患者：茶叶中含有大量的铁、锰等微量元素和咖啡因，这些物质可以影响肝脏的代谢和功能，对肝脏造成额外负担，加重肝脏疾病的程度。

对咖啡因过敏的人：茶叶中含有咖啡因，过量摄入咖啡因会引起心悸、失眠等问题，对咖啡因敏感的人更容易引起这些不适症状。

服用某些药物的人：茶叶中的鞣酸会与药物中的蛋白质、生物碱发生药物反应，生成一种不可溶的沉淀物，影响药物的整体药效和身体对药物的吸收，影响药物的治疗效果。

总之，茶叶作为一种健康的饮品，具有多种功效和作用。但在饮用时，我们需要根据自己的身体状况选择适合的茶叶，并注意适量饮用，以充分发挥茶叶的益处，避免不良影响。

三、茶叶基本知识拾遗

（一）易混淆的茶叶名称

在众多的茶叶名称中，人们经常容易将一些混淆。例如，安吉白茶是绿茶，不是白茶。大红袍是乌龙茶，不是红茶。君山银针是黄茶，不是白茶。六安瓜片的“六”念 lù，不念 liù。凤凰单丛是凤凰“单丛”，不是凤凰“单枞”或“单从”。潮汕“功夫”茶与“工夫”红茶是两个不同的概念。

安吉白茶是绿茶，不是白茶。安吉白茶之所以叫作“白茶”，主要是因为它的树种叫“白叶一号”，是一种低温敏感的白化品种，它的茶芽颜色会随着温度而发生变化，初春，温度较低时，芽头随着嫩叶的初展，由微微的绿色与叶片一同转而呈现玉白色，随着气温的上升，叶片颜色逐步加深，渐渐转为绿色，是较为珍贵的茶树品种。正因为安吉白茶是在茶树的白化期采摘、加工制作而成，成茶冲泡后的叶底也呈玉白色，所以称它为安吉白茶。安吉白茶采用的是绿茶加工工艺，包括鲜叶摊放、杀青、理条、搓条、初烘、摊凉、焙干、整理这几道工序。

大红袍是乌龙茶，不是红茶。大红袍的制作方法与青茶是一样的，青茶是六大类茶叶中制作工艺最复杂的，主要包括日光萎凋、室内萎凋、摇青、杀青、初揉、包揉和干燥这几道工序，形成了“绿叶红镶边”，耐冲泡和具有优雅的兰花香气等特点。大红袍的制作中要进行摇青和杀青两道工序，其是轻微发酵的茶；而红茶的制作中没有摇青和杀青，其是全发酵茶。大红袍的茶汤是黄色的，而且冲泡后的大红袍茶叶是绿色带红边，这与红茶的红汤完全不一样。味道上大红袍是带有兰花香气的岩茶，喝起来回甘明显，但是空腹喝对肠胃比较刺激，而红茶味道比较柔和，全发酵茶对于肠胃的刺激也不明显。大红袍需要用盖碗来冲泡，而红茶用白瓷杯等冲泡即可。

君山银针是黄茶，不是白茶。君山银针产于湖南岳阳洞庭湖中的君山，由芽头制成，香气清鲜，似鲜甜的玉米须甜味，茶色浅黄，叶底嫩黄匀亮。由于其是芽头，肥嫩、汤感甜爽、芽毫更加显著。黄茶属轻发酵茶类，加工工艺近似绿茶，只是在干燥过程的前或后，增加一道“闷黄”的工艺，促使其多酚叶绿素等物质部分氧化，形成“黄叶黄汤”的特点。

六安瓜片的“六”念 lù，不念 liù。“六”与“陆”是通假字，在古汉语中，“六”与“陆”是通假字，意思是“四周略高的陆地”，符合古六国的丘陵地貌特征。而“六安”之名源于汉武帝，取“六地平安，永不反叛”之意。“六安”之名由此而来，历代沿用。这里的“六”也是地名，所以应读“lù”。

凤凰单丛是凤凰“单丛”，不是凤凰“单枞”或“单从”。凤凰水仙是乌龙茶的一种，凤凰单丛根据各个单株形态或品位的不同特点，自成品种。单株培育，单株采摘，单株制茶销售，所以称为单丛。从字面意思看，“丛”的本意是聚集的意思，更符合单株单做的特点。2004 年 8 月，潮州市政府下文通知，所有单丛茶的包装、宣传、营销，一律采用“丛”字，其他以“单枞”字为错别字，不能使用和销售。

潮汕“功夫”茶与“工夫”红茶容易搞混。“功夫”茶是指潮汕、福建和台湾等地讲究茶具、冲泡和品茶的饮茶习俗。而“工夫”红茶则是指需要花费时间、精力、力气等工夫制作出来的红茶，本质上是两种不同的概念。

（二）特殊名称的解释

在丰富的茶叶知识中有许多特殊的名词。例如，“鸭屎香”是香的；“黄片”是粗老叶片揉捻不成形形成的茶片，是正经的茶叶部分；茉莉花茶里没有花；洞庭湖产君山银针，洞庭山产碧螺春，两者的“洞庭”所指不同。

“鸭屎香”是香的，该名字来源有茶农怕茶苗被偷故意丑化茶名和茶树栽种在“鸭屎土”上等说法。虽然名字听起来不太雅观，但实际上这种茶叶具有独特的香气和口感。

“黄片”是粗老叶片揉捻不成形形成的茶片，是正经的茶叶部分。“黄片”虽然是粗老叶片，但在茶叶制作过程中也有其独特的作用，它可以为茶叶增添一些特殊的口感和风味。

茉莉花茶里没有花，是通过“窨香”工艺让茶吸收花香后除去花形成的浓郁香气。在茉莉花茶的制作过程中，通过反复的“窨香”工艺，让茶叶充分吸收茉莉花的香气，然后再将花除去，这样制成的茉莉花茶香气浓郁，口感醇厚。

洞庭湖产君山银针，洞庭山产碧螺春，两者的“洞庭”所指不同。洞庭湖位于湖南岳阳，而洞庭山位于江苏苏州。君山银针产于洞庭湖中的君山，其成品茶芽头茁壮，长短大小均匀，茶芽内面呈金黄色，外层白毫显露完整，而且包裹坚实，茶芽外形很像一根根银针，雅称“金镶玉”。碧螺春产于江苏洞庭山，其外形条索纤细，卷曲成螺，满身披毫，银白隐翠，香气浓郁，滋味鲜醇甘厚，汤色碧绿清澈。

第三节　茶叶的鉴别

茶叶作为日常饮品和文化载体，在人们的生活中占据着重要的地位。正确鉴别茶叶的品质至关重要，这不仅关乎口感的好坏，还与我们的健康以及对茶文化的深入理解息息相关。

一、鉴别茶叶的基本方法

（一）看茶叶的完整性

茶叶的完整性是鉴别茶叶品质的重要指标之一。一般来说，茶叶叶体形状越整齐越好。优质的茶叶通常具有完整的叶片和条索，没有过多的破碎和断片。如果茶叶犹如碎渣一样，品质就欠佳。这是因为完整的茶叶在制作过程中受到的损伤较小，能够更好地保留茶叶的营养成分和风味。

例如，在茶行内部，专业人士透露，辨别茶叶好坏的第一个技巧就是看它的完整性。茶叶的叶体形状整齐，说明其采摘、加工过程更加精细，品质也更有保障，如图 2-3-1 所示。相反，如果茶叶破碎不堪，则可能是在采摘、运输或加工过程中受到了不当的处理，导致茶叶的品质下降。

图 2-3-1　叶体形状整齐的茶叶

（二）闻茶叶的香气

好的茶叶无刺激性味道，不会散发霉味或变质气味。在购买茶叶时，可以用鼻子闻其香味，这是判断茶叶品质的重要方法之一。

学会分辨茶叶的香气的方法，可以让你秒变老茶客。茶客可以通过摇香、面香、入水香、杯盖香、叶底香等方法来感受茶叶的香气。摇香是将盖碗用热水烫过后投入干茶，盖上盖子摇晃几下，利用碗的余温将干茶的香气最大化地激发出来；面香是指在为干茶注入热水时，感受热水激发茶叶中的芳香物质所散发的香气；入水香是用温度比较低的水泡茶，感受茶叶中的芳香物质在茶汤中呈现的水中香状态；杯盖香是用盖碗对茶叶进行适当的闷泡后，闻停留在盖子上的茶叶芳香物质的香气；叶底香是泡完一泡茶后，将茶叶倒出，不清洗盖碗，等盖碗底部的茶汤风干到一定程度后，闻杯底体会茶叶叶底的香气。

（三）感受茶叶的嫩度

茶叶嫩度主要看芽头多少、叶质老嫩和条索光润度。不同种类的茶叶对嫩度要求不同。

嫩度是决定茶叶品质的基本因素之一。鉴别干茶的嫩度，可以从观察茶叶的形状、闻茶叶的香气、看茶叶的汤色、品尝茶叶的味道、观察茶叶的叶底等方面入手。嫩度高的干茶，通常条索紧细，色泽润亮，芽头较多；香气高爽持久；汤色明亮；口感鲜爽醇厚；叶底细嫩有光泽。

（四）看茶叶是否处理干净

茶叶应无梗、末或其他非茶类杂质，干净卫生是购买茶叶的重要考量。

干茶是否干净是判断茶叶中是否含有粗枝烂叶的重要标准之一。首先，可以观察干茶的色泽，色泽均匀自然为优，如果色泽不均匀，那么该茶叶很可能是拼配的。如果色泽光亮不自然且黯淡无光，则有可能是存放过久的陈茶；如果色泽太过鲜亮，也有可能是茶叶添加了染色剂。如果看到的干茶不够干净完整，而且色泽看起来也不自然，那就不要购买了。

其次，可以通过观察茶汤的色度和亮度来判断茶叶是否干净。不同的茶冲泡出来的茶汤颜色不一样，比如绿茶茶汤是浅绿色，红茶是红色的。好的茶汤亮度跟茶汤的颜色也有区别，比如红茶，好的红茶茶汤很靓丽，而劣质红茶茶汤则是暗褐色，即使光照也不会觉得明亮。

品质好的茶叶，在干净的环境里生长，本身就很清澈洁净，无需洗茶。品质差的茶叶，即使洗茶也无法改变内质。况且，有些茶叶在制作过程中，还会经过揉捻，脏东西早就藏在了条索内部。光靠洗茶的几秒钟，根本不足以把茶叶从里到外彻底洗干净。除非是长时间地浸泡，让干燥的条索吸饱水后舒展开来，才能把杂质洗去，但与此同时，茶味也淡了，也就没有喝的必要了。

二、从不同角度鉴别茶叶品质

（一）茶叶的外形

茶叶的外形是鉴别茶叶品质的重要方面之一。从干茶来看，色泽明亮、肥嫩的茶叶通常品质较好。例如，优质的红茶、绿茶、花茶以条索紧细、圆直均匀，质量重者为好，粗松为差；青茶要以条索肥壮、紧细、质量均匀者为好；黑茶、普洱茶要求外形符合要求，形状完整，条索清晰，表面匀整光滑，边缘齐整、厚薄均匀等；白茶芽头肥嫩挺直、毫多、叶张细嫩，破张少。

从叶底色泽判断，也能看出茶叶品质的高低。如果叶底色泽明亮有活力，且肥嫩均匀，说明茶叶品质较高。反之，若叶底偏暗无活力或欠匀亮不肥嫩，则品质一般。

从茶叶的整碎程度可以进一步判断外形。品质好的茶叶通常叶片完整，没有过多的破碎和断片。如果茶叶犹如碎渣一样，品质就欠佳。这是因为完整的茶叶在制作过程中受到的损伤较小，能够更好地保留茶叶的营养成分和风味。

（二）茶叶的香气

品质好的茶叶无刺激性气味，即使无茶香味也不会让人不适。茶叶的香气可以通过闻干茶和茶具味道来判断。

首先，在购买茶叶时，可以先闻一闻干茶的香气。抓一把干茶闻一闻，或者是把盖碗内外都用热水烫一遍，将水倒出后放入茶叶，加盖约 5 秒后，趁热闻香。如果干茶有刺激性味道，如霉味、陈味、焦味等，那么这款茶叶的品质可能就有问题。好茶的干茶香格外明显。如绿茶闻之有悦鼻高爽的香气，其香气有清香型、浓香型、甜香型；质量越高的茶叶，香味越浓郁扑鼻。如闻到一股青涩气、粗老气、焦煳气那么多半都是劣质的茶叶。

其次，在冲泡茶叶后，可以闻一闻茶汤的香气。刚冲完茶出汤之后，趁着热气挥发，可以闻一闻有没有异味。等茶汤稍凉下来，这时候闻香可以辨识茶香是什么类型的，比如毫香、豆香、花香、蜜香、坚果香等。等茶汤完全冷却下来再闻茶香，如果香气依旧明显，说明香气物质丰富，香气持久；如果此时香气已经很淡了，说明香气短暂且单一。

此外，还可以在试喝时感受茶香味。一般来说，好的茶叶香气高爽持久，口感鲜爽醇厚。在试喝时，可以亲自嗅到它的茶香味，还能顺便看到汤色，茶叶的嫩度、光泽和匀度。

茶叶的香气来源主要有品种香、产地香、季节香和工艺香。不同品种的茶树各有其不同的品种香，例如普洱中冰岛茶的冰糖香；武夷岩茶肉桂、水仙、奇兰的岩谷花香。同样的茶树品种，种植在不同的地区，会产生截然不同的产地香气。单一产地的单一品种，随着季节气候的变化，内含的香气成分也会不同。在较为潮湿并且日照短的春季，香气较为清新优雅；而在干燥的秋冬季节，香气高扬，俗称“秋香”。制造加工是决定茶叶香气优劣的最重要因素，采制当天的天气则是能否制造出高级品的先决条件。茶叶的成熟度、茶叶的采摘时段、茶青叶片的采摘比例、制茶人的操作方式等，这些都决定了香气的优劣。

（三）茶叶的工艺

工艺好则茶叶品质好，差的工艺不仅制不出好茶还浪费原料。不同的茶叶有不同的制作工艺，如龙井茶采用挤压、炒、揉、干等工艺制作而成；碧螺春采用摇青、杀青、揉、炒、干等工艺制作而成；铁观音则采用摇青、杀青、揉、焙火等工艺制作而成等。

（四）茶叶的存储

在众多的茶叶中，部分茶叶具有储存和收藏价值，可以通过时间来检验茶叶品质，如老白茶和老普洱。在存储过程中，要注意干燥、低温、避光、密封等条件。

不同类型的茶叶有不同的储存方法。绿茶和黄茶最好放在冰箱里储存；花茶应注意防潮，存放于阴凉干燥、无异味的环境中即可；乌龙茶中，岩茶和浓香型的铁观音、部分单从茶等焙火较重的茶，常温保存即可；清香型铁观音，抽湿单丛等焙火不重的茶，为了保持其鲜爽和滋味，则放冰箱低温保存为好；红茶干茶含水量不高，很容易受潮或者散发香味，应尽量避免与不同种茶叶混合存放，一般可放置在密闭干燥容器内，避光避高温即可；白茶耐储存，其储存比较环保，不用低温保鲜，只需常温防异味保管即可；黑茶保存需要通风、干燥、无异味的条件。

三、观察叶底鉴别茶叶品质

（一）看叶底老嫩

茶叶的老嫩程度是判断茶叶品质的重要指标之一。将冲泡后的茶叶叶底平摊开来，一般能够看出茶叶的等级是单芽、一芽一叶或者一芽二、三叶等。除了用眼睛观察，最好再用手亲自感受一下。如果叶底摸起来比较柔软，叶脉摸起来比较平滑，叶肉比较厚而且软，说明茶叶嫩度好，内质丰富。这就如同鉴别干茶的嫩度时，嫩度高的干茶通常条索紧细，色泽润亮，芽头较多。从专业角度看，嫩度高的茶叶往往在制作过程中受到的损伤较小，能够更好地保留茶叶的营养成分和风味。

例如，很多顾客在买茶时，往往难以分辨茶的好坏，但通过观察叶底老嫩就能作出一些推断。就像一些手工茶，由于制作工艺的特殊，很难避免出现糊点，但叶底少量的黑色糊点反而能佐证茶叶是手工制作的。这种情况下，虽然从干茶和汤色中可能难以判断，但叶底却能给出最本质的反映。

（二）看叶底色泽

好的叶底色泽亮度好，饱满鲜活有生命力。通过叶底色泽可以判断茶叶品质的好坏。造成叶底暗淡的原因大致有三种，一是采摘等级差，粗老叶片和梗多；二是做工不合格，比如温度过高或受热不均，导致茶叶被灼伤；三是保存过程中因受潮而失去光泽。

从叶底色泽能非常直观的反应一款茶的原料和加工优劣。观察叶底色泽最好能有几款茶放在一起对比来看，否则容易受到光线、环境和主观因素的影响。比如绿茶，以嫩绿、黄绿、翠绿为佳，深绿色较差；红茶以红艳明亮为佳；青茶以绿叶镶红边为佳；白茶以色泽鲜亮为佳；黄茶以黄里泛白为佳；黑茶以青褐、黄褐或黑褐为佳。叶底色泽亮，不是指叶子自己会发光，而是鲜活、润泽、饱满，茶叶表面油润光滑，色泽鲜艳、新鲜度好。

（三）看叶底展开度

茶叶冲泡后叶底随次数增加逐次展开且最后完全舒展说明加工技术好且耐冲泡。如果冲泡后叶底不能展开或者冲泡多次仍展开一部分，可能是制造工艺不足，焙火过重，甚至入口后喉咙会有燥感。

一般来说，工艺过关的茶，在经过开水高温冲泡之后，叶片会自然舒展开来，恢复到原有的形状。一些揉捻较重的茶，完全舒展后仍然会稍有卷曲，这都是正常的。但如果冲泡之后叶底完全"摊平"或者紧缩泡不开的茶，都是工艺有问题。就像在茶叶店买茶时，有经验的人会通过看叶底来判断茶叶的品质。如果叶底展开度好，说明这款茶的制作工艺精良，陈化期稳定，通常冲泡次数亦多。

（四）看叶底整碎度

叶底保存越完整说明采摘和加工越细致，但紧压茶可例外。叶底的整碎度可以反映出茶叶在采摘和加工过程中的细致程度。一般来说，叶底形状越整齐越好，碎叶多且细杂的都只能算次级品。但对于紧压茶来说，由于经过压制以及冲泡时的撬茶，会破坏其叶片的完整度，所以叶底的整碎度在判断紧压茶品质时是一个比重较小的因素。

例如，在判断一些散茶的品质时，可以通过观察叶底的整碎度来判断其采摘和加工是否规范。如果叶底比较完整，叶片大小比较统一，且很少有碎茶渣，说明采摘和加工时比较细致。而如果叶底碎叶较多，大小不一，说明采摘和加工过程可能存在问题。

（五）看叶底弹性

用手揉捏叶底感受柔软性、弹性及厚度，好茶如绸缎般丝滑且有弹性，劣质茶则僵硬或易揉烂。好茶的叶底，如绸缎般丝滑，压下去能感受到一定的弹性，这说明茶叶在最大程度上保留了内质。如果摸起来比较僵硬，说明叶底不活。如果轻轻一捻就揉烂了，只能说明是劣质茶。

通过叶底弹性可以判断茶叶的品质和制作工艺。弹性强者表示陈化期间自然、茶菁幼嫩、制造得宜，未被湿热、熟化处理。而触感生硬，无弹性感的茶叶则是次级品。例如，在品鉴普洱茶时，可以通过观察叶底弹性来判断其品质。优质普洱茶的叶底，叶肉厚软，表面油润光滑，反光强且嫩芽的含量多，叶形粗长，茶品质会较好。

（六）注意叶底特殊情况

叶底出现焦煳或丝瓜瓤情况可能是加工高温或渥堆过度所致。叶底焦煳的茶在冲泡以后，叶底会出现明显的焦黑炭化现象，或是叶片上有很多细小黑点，甚至有焦煳味，则是加工时高温所致，这种情况多在绿茶中见到。不过也有例外，有些手工茶，很难避免出现糊点，比如普洱茶用铁锅手工杀青的时候，反而比机器杀青更容易出现糊点，所以叶底有少量的黑色糊点反而能佐证茶叶是手工制作的。

丝瓜瓤，一般出现在黑茶的干茶叶底中，主要表现为茶叶主脉和叶肉分离，侧脉裸露，看起来很像丝瓜瓤，触感黏腻，容易烂掉，这种情况通常是渥堆过度所导致的。在鉴别茶叶品质时，要注意这些特殊情况，以便更准确地判断茶叶的品质。

四、茶叶鉴别要点

（一）拼配茶不一定品质差

在茶叶的世界里，一提到“拼配茶”，很多人往往会产生误解，认为其品质不佳。然而，事实并非如此。拼配茶是指将几种不同的茶叶按照一定的比例拼配在一起，其目的是保持茶叶品质的稳定和提高口感层次。

拼配茶包括等级、产地、茶种、季节、年份、工艺等六个方面。按等级拼配，是将不同等级的原料混制在一起，这是最常见的拼配方式；按茶山拼配，将不同茶山的茶拼配在一起；按季节拼配，是指将不同时节采摘的茶叶进行相互拼配；按年份拼配，是指把不同年份的半成品茶拼配在一起；按发酵度拼配，是指把生熟茶进行拼配。

茶叶拼配并非随便找几种茶混在一起，而是有严格的标准和要求，需要拼配师具有丰富的拼配经验。制茶大师邹炳良将茶叶拼配的目的概括为十二个字：扬长避短、显优隐次，高低平衡。通过拼配，茶叶在口感层次和饱满度方面都会有更出色的表现，打破了纯料茶的单一品种的局限性，丰富了茶叶的层次感。

（二）不能仅依据茶毫判断茶叶嫩度

一般来说，鲜叶越嫩茶毫越多，在大多数情况下，茶毫多少可作为茶叶嫩度的重要指标。但并非所有茶都能以此判断嫩度。

茶毫是茶叶芽尖上面细小的绒毛，也叫茶毛，其中含有丰富的茶氨酸、茶多酚等物质。不同品种的茶叶，茶毫的分布数量不同，其多少与茶树的品种、生态环境有一定关系。例如在同一梢上的茶叶，芽叶上的茶毫分布最多，其次是幼叶、嫩叶，并且茸毛也会随着茶叶的成熟逐渐脱落。

然而，像龙井在加工过程中，有一道工序叫辉锅，会磨掉茶叶表面的茶毫，形成其特有的光滑平整的表面。所以，对于龙井这类茶，不能仅依据茶毫的多少来判断其嫩度。

（三）陈茶不一定质量差

新茶好还是陈茶好不能一概而论，要分不同茶类来看。绿茶一般要趁新喝，最好在半年内饮用完。但一些茶却是越陈越香。如武夷岩茶，隔年茶反而香气馥郁、滋味醇厚；湖南的黑茶、广西的六堡茶、云南的普洱茶等，只要存放得当，不仅不会变质，甚至能提高茶叶品质。这些发酵茶存放越久，其醇化越高，香气越浓，品质也就越好。

对于绿茶等不发酵茶，往往以新茶为上，刚刚制成的绿茶，凉性较大，并不适合多饮，要搁置一段时间。但从营养和保健角度看，新茶陈茶不分优劣，只要存放得当，都是有营养价值的。好的陈茶前提必须是好茶、好原料才会有好的转化。

五、茶叶的鉴别标准

（一）嫩度

嫩度是茶叶品质的基本因素之一，对于茶叶的口感和价值有着至关重要的影响。嫩度好的茶叶，外形符合要求，且有峰苗和白毫，而嫩度差的茶叶则无。

一般来说，鉴别干茶的嫩度可以从多个方面入手。首先，观察茶叶的形状，嫩度高的干茶通常条索紧细，色泽润亮，芽头较多。老嫩适中的茶叶则条索稍粗，色泽稍暗，芽头较少。如果茶叶的条索粗松，色泽暗淡，则可能是陈茶或者粗老茶。其次，闻茶叶的香气，嫩度高的干茶，香气高爽持久，而老嫩适中的茶叶则香气平和持久。若茶叶的香气低沉或者有异味，则可能是陈茶或者粗老茶。再次，看茶叶的汤色，嫩度高的干茶，汤色明亮，老嫩适中的茶叶则汤色稍暗。若茶叶的汤色浑浊或者有沉淀物，则可能是陈茶或者粗老茶。然后，品尝茶叶的味道，嫩度高的干茶，口感鲜爽醇厚，老嫩适中的茶叶口感平和醇厚。若口感苦涩或者没有味道，则可能是陈茶或者粗老茶。最后，观察茶叶的叶底，嫩度高的干茶，叶底细嫩有光泽，老嫩适中的茶叶叶底稍硬有光泽。若叶底粗硬或者没有光泽，则可能是陈茶或者粗老茶。

例如，对于很多茶的顶级茶来说，都是由嫩芽制成的。如红茶中的金骏眉，采用高山原生态小种新鲜茶芽；白茶的白毫银针，鲜叶原料全部是茶芽；绿茶中的西湖龙井、黄山毛峰、信阳毛尖等制作都要求嫩叶幼芽；黄茶中的君山银针、蒙顶黄芽和霍山黄芽也均是嫩芽制成。判断一款茶的嫩度是否很好，可以从外形和叶底两个方面来判断。外形上，如果都是嫩芽制成，刚刚长出来的嫩芽是短胖的，若另一款整体看起来瘦长，那么肯定是短胖的嫩。叶底方面，泡完之后，将叶底倒入盘中，用食指中指一起按压茶叶，嫩的茶叶按压之后弹性很小，也很容易碎。老一点的茶叶用手按压之后弹性相对较大，弹起来的速度就相对较快。

（二）条索

条索是指各类茶的外形规格，不同种类的茶条索特点各异。长条形茶可从松紧、弯直、壮瘦、圆扁、轻重等方面判断；圆形茶从颗粒松紧、匀正、轻重、空实判断；扁形茶从平整光滑程度判断。

首先，需要了解干茶条索的形成过程。茶叶条索是在茶叶加工过程中，通过揉捻和干燥等工艺形成的。揉捻使得茶叶细胞破裂，溢出茶汁，同时叶片卷曲成条状。干燥则使得茶叶条索变得干燥、定型，同时保留了茶叶的香气和滋味。因此，鉴别干茶条索的第一步，就是要观察其揉捻和干燥的程度。

其次，观察干茶条索的外观特征。不同品种的茶叶，其条索大小、形状和质地都有所不同。例如，绿茶的条索紧细匀整，红茶的条索则呈细长弯曲状。

此外，茶叶的叶片完整度、色泽和香气等也是鉴别干茶条索的重要指标。优质茶叶的条索质地紧密、不易碎，手感粗糙；而劣质茶叶的条索则质地松散、易碎、手感光滑。同时，我们还可以通过闻干茶条索的气味，判断其品种和储存条件。

对于不同种类的茶，其条索要求也不同。红茶绿茶花茶以条索紧细、圆直均匀，质量重者为好，粗松为差；青茶要以条索肥壮、紧细、质量均匀者为好；黑茶普洱茶要求外形符合要求、形状完整，条索清晰，表面匀整光滑，边缘齐整、厚薄均匀等；白茶芽头肥壮挺直、毫多、叶张细嫩、破张少。茶的品质强调条索的完整性，如果茶叶比较碎的话，冲泡的时候浸出物释放的就比较快，同等投茶量下，其苦涩味就会偏重，而且耐泡性也会降低，不利于循序渐进的品鉴。

普洱茶的条索外形还可分为紧条、中抛条、抛条。紧条茶条索紧实，嫩度较高者条索紧细，嫩度适中者条索紧直，嫩度差者条索粗壮结实。紧条茶在加工时揉捻充分，晒干茶色泽较深，多为墨绿或深绿，内质滋味浓强，香气扬，春茶清香悦，青草气弱，汤色浓，为青绿或黄绿，色度明。中抛条茶揉捻适中，细胞破碎一般，干茶色泽青绿或黄绿，较显毫，绿条白芽或黄条白芽，内质滋味浓，香气显，有青草气，汤色欠浓，青绿，色度明、透亮。抛条茶揉捻轻，细胞破碎少，茶色泽翠嫩，显毫，内质滋味欠浓，香气低，青草气重，汤色浅，嫩绿或嫩黄绿，色度弱，透亮，卖相好。但其苦涩味相对重些，不适合压沱。

（三）色泽

好的茶叶色泽一致，光泽明亮，油润鲜活，而色泽不一、暗淡无光的茶叶质量不佳。

茶叶色泽与原料嫩度、加工技术有密切关系。各种茶均有一定的色泽要求，如红茶乌黑油润、绿茶翠绿、乌龙茶青褐色、黑茶黑油色等。好茶均要求色泽一致，光泽明亮，油润鲜活。如果色泽不一，深浅不同，暗而无光，说明原料老嫩不一，做工差，品质劣。茶叶的色泽还和茶树的产地以及季节有很大关系。如高山绿茶，色泽绿而略带黄，鲜活明亮；低山茶或平地茶色泽深绿有光。在制茶过程中，如果技术不当，也往往会使色泽劣变。

购茶时，应根据具体购买的茶类来判断色泽。例如，绿茶以嫩绿、黄绿、翠绿为佳，深绿色较差；红茶以红艳明亮为佳；青茶以绿叶镶红边为佳；白茶以色泽鲜亮为佳；黄茶以黄里泛白为佳；黑茶以青褐、黄褐或黑褐为佳。

（四）整碎

整碎是指茶叶的外形和断碎程度。比较标准的茶叶审评，是将茶叶放在盘中（一般为木质），使茶叶在旋转力的作用下，依形状大小、轻重、粗细、整碎形成有次序的分层。其中粗壮的在最上层，紧细重实的集中于中层，断碎细小的沉积在最下层。各茶类，都以中层茶多为好。上层一般是粗老叶子多，滋味较淡，水色较浅；下层碎茶多，冲泡后往往滋味过浓，汤色较深。

一般来说，匀整的茶叶为好，断碎的为次。品质好的茶叶通常叶片完整，没有过多的破碎和断片。如果茶叶犹如碎渣一样，品质就欠佳。这是因为完整的茶叶在制作过程中受到的损伤较小，能够更好地保留茶叶的营养成分和风味。

（五）净度

好的茶叶不含任何杂质，应注意茶片中茶梗、茶末、茶子及制作过程中混入的杂物。

茶叶净度是指茶叶中杂质的含量，包括茶叶中的碎屑、枝条、树皮、石头等杂质。茶叶的净度高低直接影响着茶叶的质量和口感。

识别茶叶净度可以通过观察、闻味和泡茶等方法。观察茶叶的外观可以初步判断茶叶的净度。优质的茶叶外观整齐，没有碎屑和杂质，而低质量的茶叶则会有大量的碎屑和杂质。此外，茶叶的颜色也能够反映茶叶的净度，颜色越纯正、越鲜艳，茶叶的净度就越高。茶叶的香气也能够反映茶叶的净度。优质的茶叶香气浓郁，纯正，而低质量的茶叶则会有异味，甚至有刺鼻的味道。通过闻味也可以初步判断茶叶的净度。泡茶是识别茶叶净度的最终方法。泡出来的茶汤色泽鲜艳，透亮，口感清爽、顺滑，是优质茶叶的表现。而低质量茶叶泡出来的茶汤则会混浊，口感粗糙，甚至有异味。

六、购买茶叶时的鉴别方法

（一）鉴别茶叶优劣的两方面

茶叶的优劣可以从干燥度和新鲜度两个方面进行鉴别。首先是干燥度，从外观色泽初步判断，当年的绿茶色泽深绿光润，红茶乌黑且有光泽，干嗅有茶香无霉闷异味为正常。可以用两个手指捏茶条，如能研成粉末，说明茶叶较干燥，其水分含量约在6%~7%，是合格的标准；如不能研成粉，只能研成细片状，说明茶叶已吸湿，干燥度不足，其含水量常在9%以上，不宜购买。选购小包装茶时应看清或问清生产日期，一般小包装茶超过一年者，极易吸湿变质。同时，还要注意包装质量和防潮性能。

其次是新鲜度，新茶有特有的新茶香，香气滋味都有新鲜感受。可以从汤色和香味判断茶叶的新鲜度，绿茶一般汤色黄绿明亮，香气悦鼻；乌龙茶汤色橙黄明亮，滋味醇厚鲜爽，带有自然的花香、蜜香等；红茶外形色泽黑褐油润，汤色红艳明亮，滋味浓强鲜。这些特征都是优质茶叶的表现。

（二）散装茶与包装茶的比较

散装茶能够清楚地看清茶的外形，于是有人就此判断茶的好坏，这其实是一种偏见。散装茶露放在空气中，特别是茶叶这种商品本来就易吸水和异味，散装存放更容易导致茶叶发生质变，使其丧失原茶风味。

包装茶能较好地保持茶叶品质。包装好的茶叶不仅能隔绝空气中的灰尘，还能保证茶叶不受潮。只要在规定的保质期内，无论放多久，再拿出来喝的时候，味道依然很好。此外，包装茶经过精心加工和包装，香气更加浓郁，口感更为醇厚，但由于生产过程中的加工工艺作用，其陈化潜力可能相对较低。

（三）区别陈茶与新茶

新茶与陈茶的鉴别主要是看它的色、香、味。色泽方面，在存放过程中，茶叶容易受氧气和光的作用而变质，如绿茶由新茶的青翠嫩绿逐渐变得枯灰，红茶由新茶的乌润变成灰褐等。滋味方面，陈茶的滋味淡薄，同时茶叶的鲜爽味减弱且变得“滞钝”。香气方面，陈茶由于香气物质的氧化、缩合和缓慢挥发，使茶叶由清香变得低浊。

不过，并非是陈茶就一定质量差。对于多数茶叶品种而言，新茶的品质确实比陈茶好，尤其是绿茶。但也有一些茶叶品种适当贮存一段时间，反而显得更好。例如西湖龙井、洞庭碧螺春等；又如武夷岩茶，隔年陈茶也能香气馥郁、滋味醇厚；而湖南的黑茶、湖北的茯砖茶、广西的六堡茶、云南的普洱茶等，只要存放得当，不仅不会变质，甚至能提高茶叶品质。

七、鉴别五大类茶叶的方法

（一）绿茶

不同种类的绿茶外形色泽有差异，如龙井茶扁直翠绿，日本玉露细长翠绿色，眉茶条索均匀。好的绿茶香气滋味应是清香醇厚微苦回甘，汤水清澈鲜明无杂质。绿茶作为我国品种最多的茶类，其品质鉴别主要可以从以下几个方面进行。

1. 观形状

通过茶叶的粗细、长短、轻重、大小，条索的松紧、整碎、均匀程度，有无夹杂及掺假，有无老叶硬片以及下盘干湿程度、身骨轻重等方面进行鉴别。不同品种的绿茶形状各异，如眉茶以条索紧而细形如鱼钩者为上，弯曲部位的在三分之一为宜，上尖下钝，身骨重，下盘少，条索均匀，清洁而无夹杂老叶硬片者为上；龙井则以扁而直，尖端不弯曲，身骨细嫩者为上；毛峰则以细长而尖端微弯曲者为上。且茶叶来源以原产地为上，如黄山毛峰，狮峰龙井，六安瓜片都极名贵。

2. 察色泽

仔细观察茶色的深浅、枯润、鲜暗、均匀及有无不正色、劣变色等。不同品种的绿茶色泽不同，如眉茶以灰白绿色为上；毛峰则以墨绿而略带褐色者为上；龙井玉露瓜片均以翠绿色为上。总之，色泽须深而鲜，润而均匀者为上，茶条的弯曲部位若均匀适度，方为上品。鉴定形状与色泽时应将茶翻拌均匀并且在合适的光线下进行多方位观察。

3. 闻香气

绿茶的香气有高低、清浊、纯合、锐钝及有无青草气与烟臭酸气等方面呈现。不同产地及茶类的绿茶香气相异，如龙井的清香，毛峰的栗香，玉露的覆香等。总之，绿茶香气以高而清，纯而锐为上。鉴定香气不仅可以在冲泡前闻香，也可以从杯香、盖香、茶底香进行判断。

4. 品滋味

绿茶应以甜而清，浓而醇者为上。有些绿茶，虽微带苦涩，但亦须苦而回甘方佳。若其有青草烟臭酸腐霉焦滋味，或苦重麻舌刺喉者，均非上品。鉴定滋味时，茶汤入口不可太多，茶汤在口腔，必须不时转动，使周达于舌之上下左右前后。盖舌尖感甜及辣，舌头两旁感酸，舌根感苦，全舌感咸，必周达全舌，方能分别茶叶之一切滋味也。

5. 看水色

观察水色的浓淡、清浊、鲜暗及有无游离物与沉淀物等也可以推断出茶叶的品质。无论任何绿茶，均以碧绿而清澄鲜明，且水色浓厚者为上；黄浊暗淡，或有游离物沉淀物者，均非良品。鉴定水色时应当不时将杯略予倾斜，注意其有无游离物等。

6. 识叶底

观察叶底色泽的鲜暗、匀净、叶芽粗嫩、卷缩或展开及有无破裂、枯焦，是否有不正的颜色都可以鉴定绿茶的品质。任何绿茶品类中，均以叶底碧绿色，叶芽细嫩而匀净，色泽鲜明，叶叶展开者为上。

（二）红茶

红茶可采用手抓、眼观、鼻嗅等方法挑选，好的红茶条索紧结、重实，干茶有刺手感、易折断成粉末，外形均匀、色泽一致，汤水清澈明亮呈红色，味道甘香无异味，入口滋味醇香、鲜爽、不苦涩。选购红茶时可从以下几个方面进行鉴别。

1. 了解产区

不同产地的红茶，口味有所不同。每个产地不同茶区生产的茶叶及调制方法不同，因此在选购前需先了解红茶的产地，尝试找到最适合自己口感的红茶。

2. 注意有效期

购买红茶时要注意生产日期和有效期限，以免买到过期的红茶。由于市场上贩卖的红茶大都是由国外进口，从货上船、入关、进仓库到上架，通常要经过一段较长的时间。

3. 辨别包装

市面上的红茶包装形式大都为茶包或铁罐装茶叶。茶包通常都是碎红茶，冲泡时间短，适合上班族，若要喝产地茶或特色茶，最好买罐装红茶。

4. 观察外观

好的红茶的茶芽较多、较高，小叶种红茶条型细紧，大叶种红茶肥壮紧致，色泽乌黑有油光，茶条上金色毫毛较多。低端红茶芽少，条型松而轻，缺乏光泽度。

5. 手抓辨别

用手去感触红茶条索的轻重、松紧和粗细。优质红茶的条索相对紧结，以重实者为佳，粗松、轻飘者为劣。用手触摸茶叶可了解其干燥程度，干茶通常有刺手感，易折断，以手指用力揉搓即成粉末。但在触碰茶叶的时候，不要大把抓，避免手上的汗水渗入茶叶中导致茶叶受潮。

6. 眼观辨别

随手抓取一把干茶放在白纸或白色瓷盘上，双手持盘以顺时针或逆时针方向转动，观察红茶干茶的外形是否均匀，色泽是否一致，有的还需要看是否带金毫。条索紧结完整干净，无碎茶或碎茶少，色泽乌黑油润（有的茶还会显现金毫）者为优。此外，通过冲泡后看汤色和叶底也能进行辨别。优质红茶的汤色红艳，清澈明亮，叶底完整展开、匀齐，质感软嫩；次品茶和劣质茶的汤色则红浓稍暗且浑浊，有陈霉味的劣质茶则表现出叶底不展、色泽枯暗的特征。

7. 鼻嗅辨别

利用人的嗅觉来辨别红茶是否带有烟焦、酸馊、陈味、霉味、日晒味及其他异味。优质红茶的干茶有甘香气味，冲泡后会有甜醇的愉快香气，而次品茶和劣质茶的香气则不明显或夹杂异味。

8. 口尝辨别

取若干茶放入口中咀嚼辨别，根据滋味进一步了解品质的优劣。此外还可以通过开汤来进行品评。优质红茶的滋味主要以甜醇为主，小种红茶具有醇厚回甘的滋味，工夫红茶以鲜、浓、醇、爽为主。这些特征在次品茶中则不明显，而劣质茶的滋味为浓涩和苦涩，甚至有异味。

（三）白茶

白茶的香气浓郁、清香纯正，汤水明亮且多为橙黄色或浅杏黄色，叶底嫩度匀整毫芽多，叶张不破碎、不带硬梗，滋味鲜美清甜，无霉味、酸味、烟味等不正常味道。鉴别白茶可从以下几个方面进行。

1. 看外形

鲜叶毫心肥壮、叶张肥嫩为优。干茶银芽绿叶，绿面白底为佳。芽叶平伏舒展，稍微并拢，叶缘向叶背垂卷，叶面有隆起波纹，叶尖上翘不断碎为优。白茶健康价值高，适口性强，全国十八省产白茶，其中福建白茶先发优势，快速占领消费市场；云南白茶凭借生态资源与高端品质优势，稍加推介便获得消费者喜爱。

2. 看色泽

白茶叶底匀整、肥软，毫芽壮实，叶色鲜亮为佳，叶质粗老、硬挺、暗杂、花红、黄张、焦叶红边为次。以白牡丹为例，3~5 年的老茶，其银针色彩偏黄，这就是转化的呈现；以寿眉饼为例，除非 5 年以上的老茶，否则不可能颜色统一为灰褐色。

3. 闻香气

茶香清鲜纯正为优。嫩香是白茶的特色之一，无论是干茶还是冲泡后的茶汤，嫩香越浓，越持久，品质越高。工艺讲究的白茶，香气纯正，不会有杂味儿。

4. 尝滋味

茶汤滋味鲜爽、醇厚，清甜为佳。好的白茶茶汤永远是细滑顺甜的。从口感上讲，自然转化的茶饼呈浅褐色，做旧的是一片黑乎乎或新老不匀色；自然转化的呈琥珀色、金黄色，透亮，做旧的浑浊；自然的甘甜绵柔顺滑，做旧的无茶味，或苦涩；十几泡味道始终如一才是好茶，且越泡味越浓。

5. 看叶底

白茶叶底匀整、肥软，毫芽壮实，叶色鲜亮为佳；叶质粗老、硬挺、暗杂、花红、黄张、焦叶红边为次。好的白茶，冲泡之后，叶底鲜活，不会有“死相”。

6. 看净度

品质好的白茶没有茶籽、老梗、老叶、腊叶等杂质。

（四）黑茶

黑茶色泽黑且有光泽，汤色明亮多为橙黄色，香气正、有特殊花香，紧压茶表面完整、有清晰纹路，入口滋味醇厚回甘，有润滑感。辨别黑茶可从以下几个方面入手。

1. 看外形

如果黑茶是紧压茶，上品茶往往砖面完整，模纹清晰，棱角分明，侧面无裂，无老梗，没有太多细碎的茶叶末掺杂。对于散茶，条索匀齐、油润则是好茶；以优质茯砖茶和千两茶为例，"金花"鲜艳、颗粒大且茂盛的，则是优品茶的重要特征。

2. 辨别是否发霉

看表面是否异常，正常的黑茶颜色较为乌润，发霉的黑茶可能会出现黑霉、绿霉、灰霉、白霉等霉变特征；闻气味是否正常，正常的黑茶闻起来有一股淡淡的茶叶本身的香气，而发霉的黑茶气味则带有类似植物腐败的味道；看汤色是否明亮，正常黑茶的汤色一般较为明亮，发霉的黑茶汤色比较浑浊；触摸叶底是否软亮，正常黑茶的叶底较为软亮，透着脂类物质所呈现的光泽感，摸起来也较为柔软有弹性，发霉的黑茶叶底通常缺乏弹性，一捏即碎。

3. 看金花

黑茶可以没有金花。金花指的是黑茶中的冠突散囊菌，也称"金花菌"，来源于一种发花的现象。金花是在特定的温湿度条件下才会出现的，不是所有的黑茶都一定有。茯砖茶、湖南千两茶、广西六堡茶经过厂家存放处理会有金花，而黑砖茶、天尖等是没有金花的。有金花不等于好黑茶，有金花只能从一个角度说明其品质不错，黑茶的品质还要看原料及入口滋味如何，不可夸大金花的效果。

4. 分辨品质优劣

好的黑茶总的品质要求色泽黑而有光泽，汤色橙黄而明亮，香气纯正，陈茶有特殊的花香或"熟绿豆香"，滋味醇和而甘甜。如果香气有馊酸气，霉味或其他异味，滋味粗涩，汤色发黑或浑浊，都是品质低劣的表现。黑砖茶品质要求砖面平整，花纹图案清晰，棱角分明，厚薄一致，色泽黑褐，砖内无黑霉、白霉等，可以有"金花"，内质香气纯正，或带松香烟味，汤色橙红尚明，滋味醇和，忌味涩粗。

（五）乌龙茶

将乌龙茶捧在手心，贴鼻连续深吸三次，若香味持续则为好茶，外形匀整，肥壮重实，颜色砂绿为上品，无杂物，品尝起来微苦回甘。挑选乌龙茶可从以下几个方面进行鉴别。

1 观外形

把乌龙茶茶叶捧在手心对着光线看，上好的春茶颜色应该是墨绿，若带点砂绿白霜会更佳；如果茶色灰暗枯黄，那肯定是劣品乌龙茶；如果是老到点的乌龙茶，可以仔细观察茶叶是否隐存红边，有则表明发酵适度。将茶叶倒入盘内，让茶盘朝一定方向旋转几圈，不同形状的茶叶会在盘内分出层次，如中层的茶叶越多，说明匀度越好。乌龙茶以芽大粗壮，白毫明显，色彩鲜艳、形状稍短、条索紧结者为上选品（一芽三叶）。条索粗大无白毫、茶叶呈深绿带黑者次之。

2. 闻香气

用手捧住乌龙茶干茶，鼻子贴紧茶叶，吸三口气，如果香气持续甚至愈来愈强，便是好茶；反之，闻起来香气不足，甚至带有杂味，那就不是好茶。香气浓郁持久的是好茶；有青草味的是下品；散发异味的不能饮用。

3. 摸手感

球形的乌龙茶放在手中抖动，要感觉分量适中，太轻滋味淡薄，太重易苦涩。条形的乌龙茶，如果感觉叶尖刺手，是因为茶青太嫩或退青不足，喝起来会有苦涩感。

4. 沏茶鉴别

准备一只瓷杯和 5 克茶叶，冲 150 毫升的开水，静置 5 分钟。然后取一个小汤匙，拨开茶叶看看汤色。如果汤色浑浊、淡薄，叶片焦黄碎裂，或是汤匙闻起来有草青味，都表示这茶叶“先天不足”。好茶汤颜色应该明亮浓稠，即使茶汤冷却，香气依然存在。乌龙茶以色泽鲜明、略带红褐色色晕为佳。

八、茶叶鉴别口诀

茶叶鉴别要记住“三看二闻一品一回味”的口诀，通过看成品干茶外观、泡茶后的汤色、茶叶的叶底，闻干茶和茶具的香味，品茶叶味道，回味茶叶韵味来识别优质好茶叶。这是一套简单而实用的茶叶鉴别口诀，能帮助茶友们快速判断茶叶的品质优劣。

（一）三看

1. 看成品干茶外观

首先，优质茶叶的干茶外观通常具有一定的特点。同一类茶叶的大小应一致、均匀，不应有大有小，更不能有过多碎末。例如，绿茶一般以翠绿的色泽和整齐的形状呈现，红茶则是乌黑油润，乌龙茶为青褐色，黑茶为黑油色。不同茶系的茶叶在色泽、质地、匀齐度、紧结度和显毫状况等方面都有所不同。

其次，观察干茶的色泽也很关键，每种茶都有其标准的颜色。如绿茶中的炒青呈黄绿色，烘青呈深绿色，蒸青呈翠绿色；红茶色泽乌黑润泽；乌龙茶青褐光润。好的岩茶外形应当紧结重实，条形匀整饱满，无杂质，无黄片，色泽青褐，润亮呈“宝光”，细看叶面有蛙皮状沙粒白点。

此外，还可以从茶叶有无锋苗去鉴别嫩度。一般嫩度好的茶叶，容易符合该茶类的外形要求。

2. 看泡茶后的汤色

不同茶类的汤色各有特点，但优质茶叶泡出的茶汤一定是清澈明亮的。比如绿茶的汤色为碧绿黄莹、清澈明亮，或呈黄绿色；红茶汤色为红色，高档红茶可呈鲜亮的琥珀色；乌龙茶的汤色为橙黄或青红。好的茶汤不应出现浑浊黯淡或其他杂色。

在购买茶叶时，可以在茶店现场泡茶检验汤色。通过观察茶汤色泽的鲜亮度与透析度，也能分辨茶的品质与品种。

3. 看茶叶的叶底

看叶底包括两个方面。一是观察茶叶冲泡后展开的叶片或叶芽是否细嫩、均齐、完整，有无花朵、焦斑、红筋、红梗等现象。例如，好的岩茶在冲泡后叶片柔软，边缘呈暗红色，中央显青绿色略带黄；六安瓜片的叶底为单片叶，呈黄绿色；黄山毛峰的叶底则嫩黄肥壮，匀亮成朵。二是看茶叶冲泡时舒展开的快慢。展开速度快的茶叶通常质量较好，久泡不开的茶叶质量可能次之。品质好的茶叶在经过开水高温冲泡之后，叶片会自然舒展开来，恢复到原有的形状。一些揉捻较重的茶，完全舒展后仍然会稍有卷曲，这都是正常的。但如果冲泡之后叶底完全“摊平”或者紧缩泡不开的茶，都是工艺上有问题的。

（二）二闻

1. 闻干茶的香味

不同种类的茶叶有独特的香味。绿茶带有花和水果的清香；红茶带焦糖香、蜜糖香，浓醇鲜爽；乌龙茶有独特的熟果香，既有红茶的浓鲜味，又有绿茶的清香味；花茶则拥有花香和茶香混合的强烈香气。

可以根据茶叶香味进行识别，劣质的茶叶闻起来会有烟焦、酸馊、霉陈、日晒等怪味。

2. 闻茶具的香味

所有的茶，冲泡后的热气都会散发出各种不同的香味。正宗的优质好茶、名茶会散发出诱人的香味，比如甜香、清香、花香、栗香、果香等各种独特的香气，闻起来非常舒服，有种沁人心脾的感觉。

这些香型，或醇厚，或淡雅，或辛锐，或平和，各有不同的风情。

（三）一品

品茶叶味道如同品尝美食，要用舌头去感受茶叶的味道，辨别茶叶的好坏。这就要求具备一定的茶叶专业知识。

一品火功，看茶的加工工艺是老火、足火、生青还是有日晒味。在茶叶的加工工艺流程中，一般都有杀青和烘干这两道程序，而这两道工序最考验茶叶技师的技术能力，因为温度和时间上的掌握水平直接关系到茶叶的味道。

二品滋味，让茶汤在口腔内流动，与舌根、舌面、舌侧、舌端的味蕾充分接触，看茶味是浓烈、鲜爽、甜爽、醇厚、醇和，还是淡薄、青淡、生涩甚至苦涩。一般而言，好的岩茶汤入口过喉都润滑有活性，过后回甘明显。

不同的茶叶茶味不同，口感也各异。例如，细嫩的高级绿茶以鲜醇回甘为好；红碎茶滋味以浓强鲜爽为好；工夫红茶以鲜甜嫩爽或鲜浓甘爽为好；乌龙茶以醇厚回甘为好。

（四）一回味

回味茶叶韵味，品了真正的好茶后，会有独特的回味感受。一是舌根回味甘甜，满口生津；二是齿颊回味甘醇，留香尽日；三是喉底回味甘爽，气脉畅通，五脏六腑如得滋润，使人心旷神怡，飘然欲仙。

慢慢咀嚼口内的茶汤，然后缓缓地咽下去，当茶汤经过喉咙的时候，体验是否会有一种爽滑的感觉，这也是品茶韵的一种方式。

通过“三看二闻一品一回味”的口诀，综合运用视觉、嗅觉和味觉等感官，茶友们可以更准确地鉴别茶叶的品质，挑选出符合自己口味的优质好茶。

九、挑选优质茶叶的五个技巧

（一）了解茶叶种类

茶叶种类繁多，主要有绿茶、红茶、乌龙茶、白茶、黄茶和黑茶等。不同类型的茶叶有着各自独特的风味和产地差异。

绿茶是不发酵茶，口感清新，具有一定的苦涩味，回味甘甜。其产地广泛，如西湖龙井产于浙江杭州，碧螺春产于江苏苏州，黄山毛峰产于安徽黄山等地。

红茶是全发酵茶，口感醇厚带甜，汤色红亮。主要产地有福建、安徽、云南等，如正山小种产自福建武夷山，祁门红茶产于安徽祁门，滇红产自云南。

乌龙茶是半发酵茶，兼具绿茶的清香和红茶的醇厚口感。主要产区有福建、广东等地，如铁观音产于福建安溪，大红袍产自福建武夷山。

白茶为微发酵茶，口感清雅，带有一定的甜味，回味悠长。主要产地有福建、浙江等，如白毫银针、白牡丹、寿眉等主要产自福建福鼎、政和等地。

黄茶是轻发酵茶，发酵程度介于绿茶和乌龙茶之间，口感醇厚，带有一定的苦涩味，回味甘甜。主要产区有湖南、四川等，如君山银针产于湖南岳阳。

黑茶是后发酵茶，色泽黑亮，口感醇厚。主要产地有湖南、四川、云南等，如湖南的安化黑茶、云南的普洱茶、四川的边茶等。

消费者可以根据自己的口味偏好选择适合的茶叶。例如，喜欢清新口感的可以选择绿茶；喜欢醇厚口感的可以选择红茶或黑茶；喜欢既有清香又有醇厚口感的可以选择乌龙茶。

（二）观察茶叶外观

好的茶叶色泽鲜亮、条索紧结，外形整齐均匀无碎末和杂质。

首先，从色泽上看，不同种类的茶叶有不同的标准色泽。如绿茶一般呈现翠绿色或黄绿色，新鲜的叶子带有光泽；红茶则是红褐色或乌润色，条索紧细；乌龙茶色泽乌褐油润为主，外形粗壮紧结；黑茶外形色泽通常为深红褐色至黑色等。通过观察干茶的色泽，可以初步判断茶叶的新鲜程度和制作工艺。

其次，条索紧结也是优质茶叶的重要特征。长条形茶可以从松紧、弯直、壮瘦、圆扁、轻重等方面判断；圆形茶从颗粒松紧、匀整、轻重、空实判断；扁形茶从平整光滑程度判断。

（三）闻茶香

优质茶叶香气浓郁自然持久，有独特的品种香，无异味。闻茶香是判断茶叶品质的重要方法之一。可以通过闻干茶、茶汤和试喝时感受茶香味等方式来辨别茶叶的香气。

（四）品尝茶味

优质茶叶口感醇厚回甘，入口能迅速化开，茶汤颜色和口感符合不同茶类特点，无苦涩异味等不良口感。品尝茶叶是判断茶叶品质的关键步骤。

不同种类的茶叶有不同的茶汤颜色和口感特点。如绿茶的茶汤应该清澈明亮，口感鲜爽；红茶的茶汤则应该红艳明亮，口感醇厚；乌龙茶的茶汤橙黄或青红，口感清香醇厚；白茶的茶汤明亮橙黄色或浅杏黄色，口感鲜美清甜；黑茶的茶汤明亮橙黄色，香气正有特殊花香，口感醇厚回甘，有润滑感。

在品尝时，要注意观察茶汤的颜色和口感，如茶汤是否清澈明亮，有无浑浊黯淡或其他杂色；口感是否协调，有无苦涩、异味等不良口感。如果不方便泡茶，也可以将一小撮茶叶放入口中，咀嚼几下，便可知其滋味，好茶叶的叶底柔嫩，味道醇厚而不苦涩，回甘明显。

（五）查看茶叶的包装标识

购买茶叶时，选择有知名品牌或有良好口碑的商家，他们对茶叶质量有着严格的控制标准，可以大大降低买到劣质茶叶的风险。

正规的茶叶产品应该有清晰的包装标识，包括茶叶名称、生产日期、保质期、产地、生产商等信息。例如，符合国家生产标准的茶叶包装上有 GB/T 标识；茶叶作为天然的饮品，主要成分是鲜叶或者鲜芽，如果配料表中还有像食用香精、食用色素等字样，千万不能买。

尽量避免购买包装破损或者信息不全的茶叶，以防买到劣质或过期产品。

第四节 茶叶的制作工艺

茶叶的制作工艺因茶类的不同而各异，每种茶类都有其独特的制作流程，下面详细介绍各类茶叶的制作工艺。

一、绿茶制作工艺

绿茶制作的基本工艺流程为杀青→揉捻→干燥。

（一）杀青方式

加热杀青：现代主要以加热杀青为主，锅式杀青的成品具有我国炒青绿茶传统的品质风格，香高味醇，但劳动强度大，功效低，不便于连续化生产。滚筒杀青具有劳动强度低，功效高，节省燃料，便于连续化生产的优点，成品具有色绿，条索完整的特点，目前已在绿茶区广泛应用。槽式杀青的成品品质介于前二者之间，但易产生烟焦味。

蒸汽杀青：沿用古代蒸汽杀青制茶法，将绿茶用蒸汽杀青，称为“蒸青绿茶”。我国湖北恩施、江苏宜兴和浙江余杭、余姚等地均有生产，如阳羡茶，煎茶等。蒸青绿茶初制的基本工艺是蒸青，冷却，粗揉，中揉，精揉，烘干等工序。蒸青采用蒸青机，通过 100 ℃的蒸汽使鲜叶的叶温在 30 秒钟之内达到 95% 以上，鲜叶中的酶的活性迅速受热钝化，从而固定了蒸青叶的绿色。

（二）揉捻方式

手工揉捻：通过手工轻按茶叶，使茶叶中的汁液流出，同时改变茶叶的形状，形成规则的团块，能使茶叶更好地保留天然香气和风味，但效率较低。

机械揉捻：使用机器对茶叶进行揉捻，加强了揉捻的速度和效率，茶叶形状较为规则，但口感略逊于手工揉捻。

（三）干燥方式

炒干（炒青）是因干燥方式采用炒干而得名，其在干燥过程中受到机械或手工操力的作用不同，成茶形成了长条形、圆珠形、扇平形、针形、螺形等不同的形状，故又分为长炒青、扁炒青、圆炒青、特种炒青等。

长炒青茶主要产于浙江，安徽，江西；其次是湖南，湖北，江苏，河南，贵州等省。初制基本工艺是杀青，揉捻，干燥三道工序。杀青方法有锅式杀青，滚筒杀青和槽式杀青三种。长炒青干燥方法各产地不一，目前较为盛行的干燥方法是采用烘二青，炒三青，滚干三个过程完成。

扁炒青茶为名优绿茶，多为手工炒制。炒制基本工艺是青锅，摊凉，辉锅三道工序。炒制全过程在炒茶锅中完成，其外形扁平光滑，主要产于浙江杭州西湖区和余杭，富阳，萧山，以及安徽歙县和浙江临安，淳安的三县毗邻地区。因历史上毛茶集中于绍兴平水镇精制和集散，成品茶外形细圆紧结似珍珠，故称“平水珠茶”，或称平绿，也称平炒青。

圆炒青茶颗粒圆紧如珠，有“绿色珍珠”之称，香气高，滋味浓，耐冲泡。珠茶是浙江省的特产，主要产于嵊州区，绍兴，上虞，新昌，诸暨，余姚，鄞州区，奉化，东阳一带。

特种炒青茶在制造过程中，虽以炒为主，但因采摘的原料细嫩，为了保持芽叶完整，最后当成品茶快干燥时，改为烘干而成。这种炒青类别繁多，品质优异，均为各产茶区颇有名气的茶叶，其外形千姿百态，有尖削，圆条，直针，卷曲，平片等。冲泡后，多数茶叶成朵，汤清叶绿，香叶鲜醇，浓而不苦，回味甘甜。

烘干（烘青）是普通烘青，通常用来熏制花茶。

晒干（晒青）是加工成紧压茶，唐代开始出现。

二、白茶制作工艺

白茶制作的基本工艺流程为鲜叶→萎凋→烘干。

白茶属微发酵茶，制作工艺简单，主要是将鲜叶进行萎凋和烘干。在萎凋的过程中，鲜叶中的酶也会起作用，所以说白茶是微发酵茶。白茶主要产于福建的福鼎、政和、松溪和建阳等县，有银针、白牡丹、贡眉、寿眉几种。

三、黄茶制作工艺

黄茶制作的关键工艺为闷黄。以蒙顶黄芽为例，基本工艺流程为杀青→初包→复炒→复包→三炒→堆积摊放→四炒→烘焙。

黄茶只比绿茶多了一道“闷黄”工艺，却形成了独特的“黄叶黄汤”品质，原料细嫩，采摘单芽或一芽一叶加工而成，主要包括湖南岳阳洞庭湖君山的君山银针，四川雅安的蒙顶黄芽、安徽霍山的霍山黄芽。

四、乌龙茶制作工艺

乌龙茶制作的基本工艺流程（武夷岩茶）是鲜叶→晒青→凉青→做青→杀青→揉捻→烘干。

乌龙茶制作的基本工艺流程（闽南乌龙茶）是鲜叶→晒青→凉青→做青→杀青→揉捻→毛火烘焙→包揉→足火→烘干。

乌龙茶属半发酵茶，是介于红茶与绿茶之间的茶类。关于青茶工艺形成的确切年代，学术界尚有争议，大致在 17~19 世纪。乌龙茶的制作工艺独特，是将茶叶发酵至一定程度，同时为了保持其原有的芳香、柔滑和鲜美的口感，需要进行多次手工加工和烘焙。

五、红茶制作工艺

红茶制作的关键工艺为揉捻后发酵。中国红茶分小种红茶、工夫红茶和红碎茶三类。

小种红茶制作的基本工艺流程为鲜叶→萎凋→揉捻→发酵→烟熏烘干。小种红茶有松烟香和桂圆汤香。

工夫红茶制作的基本工艺流程是鲜叶→萎凋→揉捻→发酵→毛火烘焙→足火烘干。工夫红茶发酵至叶色变铜红才能烘干，掌握火温烘至甜香浓郁才是优质产品。

红碎茶制作的基本工艺流程是萎凋→揉切→发酵→烘干。揉捻时用机器将叶片切碎，成颗粒形碎片。

六、黑茶制作工艺

黑茶制作的关键工艺为渥堆发酵。不同地区黑茶制作的工艺流程与湖南安化黑茶、湖北老青茶、四川南路边茶、贵州六堡茶、云南普洱茶等的工艺流程相一致。

成就黑茶的关键工艺——渥堆，渥堆是黑茶的一道特色工艺，也叫发酵工艺。安化黑茶的渥堆工艺有两次，即毛茶加工和成品茶加工都需要经过该工艺。黑毛茶加工中，鲜叶经过杀青后，趁热揉捻再渥堆，利用茶叶杀青后的温度和湿度，让空气中的微生物与茶叶接触，使茶叶中的内含物发生相应的变化。毛茶渥堆的时间有几个小时到二十多个小时不等，一般根据春夏季节的变化而变化，春季时间较长，夏季时间较短。成品茶加工的渥堆有冷渥堆发酵和热渥堆发酵之分，渥堆时间一般控制在几个小时左右。

七、紧压茶制作工艺

紧压茶的制作以不同茶类为原料，经过蒸软压模制成不同形状，如砖形、饼形、碗形等。

第五节　茶叶的饮用与保存方法

以不同茶类为原料，经过蒸软压模制成不同形状，如砖形、饼形、碗形等。

一、饮用方法

1. 根据不同茶类选择适宜水温

嫩度高的茶用较低水温，粗老的茶用较高水温。例如绿茶一般需要80~85 ℃的水温，白茶需要90~95 ℃的水温，乌龙茶需要100 ℃的水温，红茶需要90~95 ℃的水温，黑茶需要90~100 ℃的水温。不同水温能够更好地激发茶叶的香气和口感，同时避免因水温过高破坏茶叶中的营养成分。

2. 注意出水速度、力度和浸泡时间对茶汤浓度的影响

置茶量多或者是浸泡时间加长可以使茶汤更为浓厚，但两者所产生的浓厚状况不一样。浸泡时间长，茶汤较为浓稠，但是也容易出现苦味。苦味如果不会慢慢转为甘甜时，尽量将冲泡时间缩短。泡茶时茶叶投放量、浸泡时间与水温是决定茶汤浓度的三大要素。茶量放得多，浸泡时间要短，茶量放得少，浸泡时间要长。这时如果水温高，浸泡时间宜短，水温低，浸泡时间要加长。

二、保存方法

1. 茶叶存放三大原则

茶叶存放要避光、防潮、防异味。阳光的直射和过高的温度会造成茶叶内含物质的流失，茶香茶味越来越淡；环境过于干燥或潮湿都会影响茶叶品质，过于干燥茶叶易变脆，过于潮湿会使茶叶变质；茶叶储存时需要用无异味的容器，避免饮品承担异味及毒质。

2. 不同茶类的具体保存方法

绿茶应密封放冰箱冷藏室。绿茶作为不发酵或轻发酵的茶种，其中的活性成分是六大茶类中最多的，同时也是最容易变质的，冰箱的低温环境，可以很好地留存住营养成分。如果密封条件不够好，还可以在密封袋内加入宣纸等自然干燥剂。开封后需要尽快饮用。

白茶应常温密封保存。白茶会进行后期转化，适当的陈化后，更能体现茶叶的风味。

黄茶同绿茶一样应密封放冰箱冷藏室。黄茶作为轻微发酵的茶，与绿茶特性相似，容易变质，冰箱冷藏能较好地保存其品质。

青茶应常温密封保存，避光，防潮。青茶会进行后期转化，适合放在常温条件下保存。

红茶应常温密封保存，避光，防潮。红茶是全发酵的茶种，多数情况下常温保存就可以。一些原料细嫩的高品质品类，为了减慢茶黄素影响的褐变速度，可以适当地放入低温环境内。

黑茶应常温保存，存储间定期通风，避光，防潮，防高温或寒冻。黑茶经久耐放，一般出厂时都会用防潮纸以及牛皮纸包装。自己保存时可以再包裹几层宣纸，放入陶罐中储存。只需要注意防虫防潮即可。

第三章　茶具基本知识

第一节　茶具的种类

我国的茶具种类繁多，造型优美，既有实用价值，又富有艺术之美。茶具按材质可以分为瓷器茶具、紫砂茶具、金属茶具、漆器茶具、竹木茶具、玻璃茶具、玉质茶具、果壳茶具八类，下面分别做一介绍。

一、按材质分类

（一）瓷器茶具

瓷土材质的茶具以瓷土为胎料，含铁量一般在3%以下，比陶土的含铁量低。胎体坚固致密，表面光洁，薄者可呈半透明状，断面不吸水，敲击时有清脆的金属声音。其烧成温度大约为1200 ℃左右。

瓷器茶具包括以下几个品种及特点。

（1）青瓷茶具：色泽温润，釉色青绿，给人以清新淡雅之感。青瓷茶具质地细腻，能较好地衬托出茶汤的色泽，适合冲泡绿茶等清淡的茶类。

（2）白瓷茶具：洁白如玉，胎质致密，釉色纯净。白瓷茶具能够真实地反映茶汤的颜色，使茶汤更加明亮，适合搭配各种茶类。

（3）黑瓷茶具：釉色深沉，古朴大气。黑瓷茶具在保温性能方面表现出色，适合冲泡发酵程度较高的茶类，如红茶、黑茶等。

（4）彩瓷茶具：色彩丰富，装饰精美。彩瓷茶具不仅具有实用价值，还具有很高的艺术欣赏价值，适合作为礼品或收藏品。

（二）紫砂茶具

紫砂泥材质的茶具以陶土为材料，含铁量高，被称作“泥中泥、岩中岩”。

质性特殊，质地细腻，颜色鲜艳，主要有紫泥、绿泥和红泥 3 种，由于泥料的配比不同，还可以得到朱砂紫、栗色、海棠红等，故而紫砂泥也称“五色土”。成陶火温在 1000~1200 ℃。紫砂茶具具有以下几个优点。

（1）吸附茶汁：紫砂茶具中含有小颗粒状的变化，表现出一种砂质效果，又有肉眼看不见的气孔，能吸附茶汁，蕴蓄茶味。

（2）保温性好：传热缓慢不致烫手，即使冷热骤变，也不致破裂。用紫砂壶泡茶，香味醇和，无熟汤味，能保茶真髓，一般认为用来泡铁观音等半发酵茶最能展现茶味特色。

（三）金属茶具

金属茶具的制作材料包括由金、银、铜、铁、锡等金属材料。金属茶具经历了以下发展历程：金属用具是我国最古老的日用器具之一，早在公元前 18 世纪至公元前 221 年秦始皇统一中国之前的 1500 年间，青铜器就得到了广泛的应用。自秦汉至六朝，茶叶作为饮料已渐成风尚，茶具也逐渐从与其他饮具共用中分离出来。大约到南北朝时，我国出现了包括饮茶器皿在内的金属器具。到隋唐时，金属器具的制作达到高峰。但从宋代开始，古人对金属茶具褒贬不一。元代以后，特别是从明代开始，随着茶类的创新，饮茶方法的改变以及陶瓷茶具的兴起，才使金属茶具逐渐消失。尤其是用锡、铁、铅等金属制作的茶具，用它们来煮水泡茶，被认为会使“茶味走样”，以致很少有人使用。但用金属制成贮茶器具，如锡瓶、锡罐等，却屡见不鲜。这是因为金属贮茶器具的密闭性要比纸、竹、木、瓷、陶等好，具有较好的防潮、避光性能，这样更有利于散茶的保藏。因此，用锡制作的贮茶器具至今仍流行于世。

（四）漆器茶具

漆器茶具的制作材料和工艺是以竹木或它物雕制，并经涂漆的饮茶用具。其所使用的漆采割自天然漆树，对液汁进行炼制并掺进所需色料而制成。

漆器茶具质轻且坚，散热缓慢，除有实用价值外，还有很高的艺术欣赏价值，常为鉴赏家所收藏，因此，人们多将漆器茶具作为工艺品陈设于客厅、书房，成为居室装点的一部分。漆器茶具现在主产于福建福州一带，该地所生产的漆器茶具绚丽多姿，有“宝砂闪光”“金丝玛瑙”“釉变金丝”“仿古瓷”“雕填”“嵌白银”等品种，特别是创造了艳如红宝石的赤金砂和暗花等新工艺后更加艳丽动人。

（五）竹木茶具

竹木茶具制作可采取车、雕、琢、削、编等工艺，将竹木制成茶具，多制成茶罐、茶则、茶海、茶筛、茶盒、碗、涤方、具列等。另外还有竹编茶具，由内胎和外套组成，内胎多为陶瓷类饮茶器具，外套精选竹子，经劈、启、揉、匀等多道工序，制成粗细如发的柔软竹丝，经烤色、染色，再按茶具内胎形状、大小编织嵌合，使之成为整体如一的茶具。

竹木茶具主要品种有茶杯、茶盅、茶托、茶壶、茶盘等，多为成套制作，主要产于竹木之乡，遍布全国。这种茶具，不但色调和谐，美观大方，而且能保护内胎，减少损坏；同时，泡茶后不易烫手，并富含艺术欣赏价值，往往用作馈赠礼品。

（六）玻璃茶具

玻璃茶具可分为价廉物美的普通浇铸的玻璃茶具和价昂华丽的刻花玻璃茶具（俗称水晶玻璃）两种。玻璃茶具大多为杯、盘、瓶、水盂等制品。由于玻璃茶具透明，因此用玻璃茶具冲泡龙井、碧螺春等绿茶，杯中轻雾缥缈，茶芽朵朵、亭亭玉立，或旗枪交错、上下浮沉，赏心悦目，别有风趣。

（七）玉质茶具

玉质茶具的原料玉石包括真玉、绿松石、玛瑙、水晶、孔雀石、琥珀、红绿宝石等彩石玉。其多制成壶、罐、杯、盏、盅、盖碗等。

（八）果壳茶具

果壳茶具是指用果壳制成的茶具，工艺以雕琢为主，使用葫芦、椰子等硬质果壳加工而成。水瓢主产于北方，椰壳茶具主产于海南。果壳制品类型：可制成水瓢、贮茶盒等。如陆羽《茶经》中就提到用葫芦制成瓢，一直沿用到现在，葫芦水瓢在中国广大农村还时常有见。

第二节　茶具的使用方法

（一）常见茶具介绍

1. 茶杯

茶杯的种类丰富多样，常见的有玻璃杯、陶瓷杯、紫砂杯等，如图 3-2-1 所示。玻璃杯通透大方，适合冲泡绿茶等，能欣赏茶叶在水中的姿态；陶瓷杯保温性好，不吸味，适合大多数茶类，白瓷或青瓷茶杯更能体现茶汤的色泽；紫砂杯具有透气性，适合品饮浓香型的乌龙茶或普洱茶。

图 3-2-1　茶杯

选择茶杯时，要考虑材质、大小、形状、颜色等因素。材质方面，根据个人喜好和茶类选择，如瓷器、玻璃、紫砂等。大小应根据饮茶场合和个人习惯选择，个人品饮可选择容量在 100~250 ml 之间的茶杯。形状上，扁平的茶杯适合冷饮或香气较浓的茶，深杯更适合热饮或需要长时间保温的茶。颜色方面，淡色或白色内壁的茶杯能更真实地反映茶汤的颜色。

闻香杯通常比较小，杯身长度比品茗杯长，容积大有益于聚香。其主要用于茶艺表演或专业品茶活动中，将茶汁倒入闻香杯后，把茶杯倒扣在闻香杯上，用手托起闻香杯迅速倒转，使闻香杯倒扣在茶杯上，再竖直向上提起闻香杯，倒转杯口朝上，双手掌心向内夹住闻香杯靠近鼻孔，闻茶的香气，边闻边搓手掌使闻香杯旋转以助于茶香气散发。

普通茶杯，即品茗杯，容量一般比闻香杯大，用于品尝茶水的味道和口感。使用方法为拇指和食指捏住品茗杯沿，中指托杯底，无名指和小指收好，持杯品茶，一盏茶分三口缓慢品饮。

2. 茶漏

茶漏可以将茶叶过滤掉，只留下清澈的茶汤，使茶喝起来更加清香；防止茶渣进入茶杯，影响口感；作为茶具之一，能与其他茶具搭配使用，美化整个茶具组合，如图 3-2-2 所示。

使用茶漏之前，先将茶漏用清水洗净，去除杂质和异味。将茶漏放置在茶杯上方，使茶漏的底部与茶杯的口相贴合。将茶壶中的茶汤倒入茶漏中，让茶漏过滤掉茶叶和茶渣。将茶漏中的茶汤倒入茶杯中，即可享用清香的茶汤。使用完毕后，记得将茶漏清洗干净，以免影响下次使用。

图 3-2-2　茶漏

3. 盖碗

盖碗由上盖、中碗、下托三部分组成，又称三才碗，盖为天、托为地、碗为人，如图 3-2-3 所示。

盖碗泡茶分为开盖泡茶和加盖泡。开盖泡茶是在泡茶和茶汤倒完后，将茶盖摆放于旁边，只有在出汤的时候将茶盖放在茶碗上起到“挡茶”作用。这种方法适合普洱茶的新茶和生茶，能让茶的温度得到冷却，延长冲泡次数和时间，更好地感受茶叶的香气，降低苦涩味，提升甜度和回甘。加盖泡是在泡茶过程中将盖碗的茶盖一直盖在盖碗上，只有在冲水的时候才拿开。这种方法适合冲泡普洱茶的老茶或者熟茶，能使茶的香气更加浓郁，且自身发酵较好，对冲泡次数和时间影响不大。

盖碗适用的茶叶种类较广，如绿茶、红茶、乌龙茶、普洱茶等。但不同的茶叶可根据其特点选择不同的冲泡方法。

图 3-2-3 盖碗

4. 茶盘

茶盘是用来盛放茶杯的，盘面宽可以多放几个杯，能烘托茶杯、茶壶，使茶具组合更雅观。还常被用来盛接凉了的茶汤或废水，如图 3-2-4 所示。

茶盘的材质种类众多，各有优缺点。目前市场上最多的是上木下塑料盘上漆的茶盘，价格低廉，款式多。实木茶盘古朴典雅，常见的有鸡翅木、实木黑檀等，深受茶人喜爱。竹类茶盘由一层层竹木压制而成，样式多，价格低廉，但易开裂、发白、不耐用。石茶盘不会开裂、变形，不渗水，但壶放在上面声音大，且硬碰硬有危险。电木茶盘实用性、耐用性、观赏性俱佳，但价格昂贵。不锈钢茶盘的实用性高，耐用性强，但光泽和质感太冷太硬，缺少喝茶的乐趣。

图 3-2-4 茶盘

5. 茶则

茶则是用来量取茶叶的工具，将茶叶从茶叶罐中取出，投入茶壶或盖碗中，如图 3-2-5 所示。

茶则的材质有多种，常见的有竹质、木质、金属质、陶瓷质等。竹质和木质茶则自然雅致，富有韵味；金属质茶则坚固耐用；陶瓷质茶则美观大方。可根据个人喜好和茶具风格选择。

图 3-2-5 茶则

6. 茶夹

茶夹又称茶筷，主要用于夹取茶杯，防止烫手，也可用于清洗茶杯或搅拌茶汤，如图 3-2-6 所示。其与茶匙的相同点是都属于茶具辅助工具，用于处理茶杯等。不同点在于茶夹主要用于夹取茶杯，而茶匙主要用于舀取茶叶。

图 3-2-6　茶夹

7. 茶巾

茶巾主要用于擦拭茶具上的水渍，保持茶具的清洁。也可用于擦拭茶盘上的废水。茶巾要经常清洗，保持干净卫生。使用时不要用力过猛，以免损坏茶具。不同材质的茶巾使用方法略有不同，如棉质茶巾吸水性好，适合擦拭水渍；麻质茶巾耐用性强，可用于擦拭较重的污渍。

8. 茶针

茶针主要用于疏通茶壶的内网，防止茶叶堵塞，使茶汤流畅。也可用于撬取紧压茶，如普洱茶饼、黑茶砖等，如图 3-2-7 所示。当茶壶内网堵塞或冲泡紧压茶时就需要使用茶针。使用时要小心操作，避免划伤茶具或手指。

9. 煮水器

常见的煮水器有铁壶、银壶、玻璃壶、电热水壶等，如图 3-2-8 所示。铁壶保温性能好，能提升水质，使茶汤口感更醇厚，但使用和保养相对复杂。银壶具有杀菌消毒的作用，能使水质变软，提升茶汤品质，但价格较高。玻璃壶透明美观，能观察水的沸腾情况，适合冲泡绿茶等需要控制水温的茶类，但保温性较差。电热水壶方便快捷，温度可调节，但可能会影响水质。

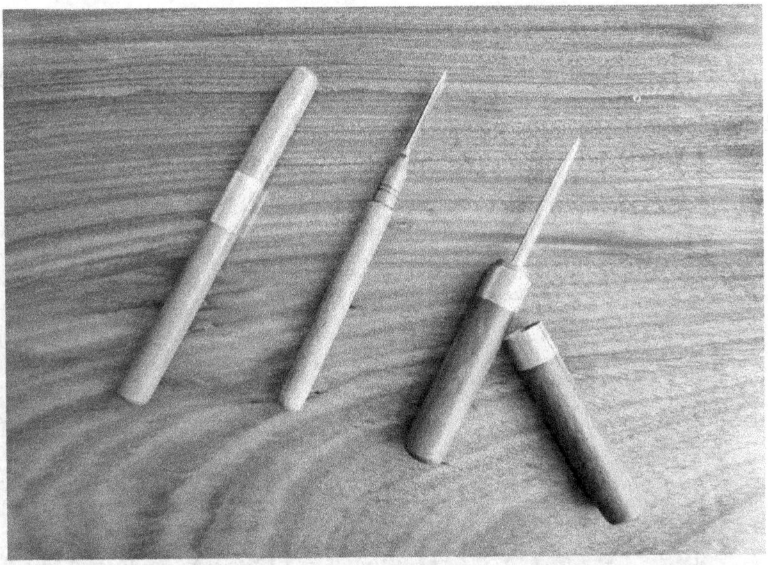

图 3-2-7　茶针

古代煮水器主要有鼎、釜、鬲等，材质多为青铜、铁等金属，造型古朴大气。煮水方式主要是炭火加热，温度不易控制，但能赋予茶汤独特的韵味。现代煮水器材质更加多样，除了金属材质外，还有玻璃、陶瓷等。加热方式主要是电加热，方便快捷，温度可精确控制，适合现代人快节奏的生活方式。

图 3-2-8　煮水器

10. 茶叶罐

茶叶罐的材质要求密封性好，能防潮、避光、防异味。常见的材质有陶瓷、紫砂、金属、玻璃等，如图 3-2-9 所示。茶叶罐用于储存茶叶，保持茶叶的新鲜度和品质。不同材质的茶叶罐适合储存不同的茶叶，如紫砂罐适合储存普洱茶、黑茶等，陶瓷罐适合储存绿茶、红茶等。

图 3-2-9 茶叶罐

11. 茶船

茶船又称茶托，用于放置茶壶、茶杯等，防止茶具直接接触桌面，起到隔热、防滑的作用。也可用于承接溢出的茶汤，如图 3-2-10 所示。茶船的材质有多种，常见的有木质、竹质、陶瓷质、金属质等。木质和竹质茶船自然古朴，陶瓷质茶船美观大方，金属质茶船坚固耐用。

图 3-2-10 茶船

12. 茶海

茶海又称公道杯，用于均匀茶汤，使每个茶杯中的茶汤浓度一致，如图3-2-11 所示。在泡茶过程中，将茶壶中的茶汤倒入茶海，再从茶海分倒入各个茶杯中，确保每个人品尝到的茶汤口感相同。

图 3-2-11　茶海

13. 茶匙

茶匙一般为细长的勺子形状，头部较浅，便于舀取茶叶，如图 3-2-12 所示。茶匙主要用于从茶叶罐中舀取茶叶，投入茶壶或盖碗中。也可用于搅拌茶汤，使茶叶充分浸泡。

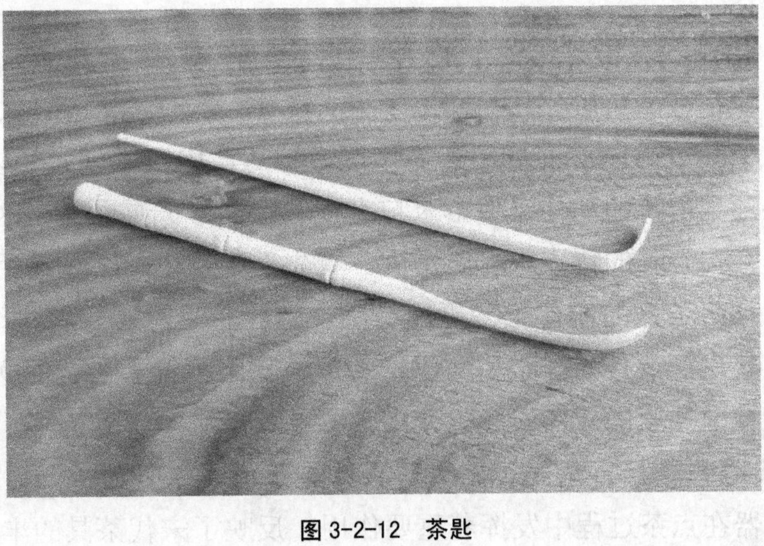

图 3-2-12　茶匙

第三节 茶具的历史渊源

（一）早期茶具发展

早在隋朝以前，茶具与酒具、食具共用。当时的器具主要是陶制的缶，这是一种小口大肚的容器。据史料记载，浙江余姚河姆渡遗址出土的黑陶器，便是当时食具兼作饮具的代表作品。我国的陶器生产已有七八千年历史，在很长一段时间内，茶具、酒具和食具之间的区分并不严格。陶制缶作为最早的饮茶器具之一，具有以下特点：既是茶具，又是酒具、食具，功能多样；用黏土烧制而成，具有一定的贮水功能，可作为汲水器（打水用的）、酿酒器具或储藏药物器具等；制作材料简单，常见于日常生活中。

西晋至唐代时期，晋代饮茶器具与酒杯共用的情况较为常见。当时的人们对茶的认识和饮用方式还处于发展阶段，茶具与酒具的区分并不明显。到了唐代，饮茶之风盛行，茶具产业飞速发展。陆羽在《茶经》中开列了28种茶具，包括风炉、灰承、炭挝、火筴、交床、夹、纸囊、碾、拂末、罗合、则、水方、漉水囊、瓢、竹夹、熟盂、鹾簋、揭、碗等。这些茶具涵盖了从煮茶到品茶的各个环节，每一个步骤都有专门的器具，尽显唐代茶具的精细与讲究。《茶经》不仅详细记载了茶具的名称、规格和用途，还对茶具的质地、制作工艺等方面提出了要求，为后世茶具的发展奠定了基础。

（二）宋元时期茶具变化

宋代的饮茶方法与唐代相比发生了很大变化。唐代以煎茶法为主，而宋代则以点茶法为主。点茶法在团饼茶炙、碾、罗后，用茶末调膏辅以汤瓶注水，再通过茶筅环回击拂的动作，使茶末与水相融上浮形成粥面。在这种饮茶方式的影响下，宋代茶具的特点也有所不同。首先，茶具更加注重实用性和艺术性的结合。例如，茶盏的制作工艺更加精美，壁厚且呈深腹、斜腹壁和敞口状，便于点茶。其次，茶具的样式和颜色也发生了变化。为了凸显茶色，茶碗的选择从越窑青瓷向黑瓷的建盏转变。北宋蔡襄在《茶录》中专门写了《论茶器》，提到当时茶器有茶焙、茶笼、砧椎、茶钤、茶碾、茶罗、茶盏、茶匙、汤瓶等。这些茶器在点茶过程中发挥着重要作用，反映了宋代茶具的丰富多样。

元代饮茶方式既传承了宋代的点茶法，也出现了采用沸水直接冲泡散茶的方式。元代统治中国不足百年，在茶文化发展史上虽没有专门的茶事著作，但仍能从诗词、书画中找到一些有关茶具的踪影。元代茶具在继承宋代茶具的基础上有所发展，其中青花瓷茶具的兴起是一大亮点。元代青花瓷茶具声名鹊起，在白瓷上缀以青花纹饰，既典雅又丰富，和茶文化内涵的清丽恬静很一致，深受饮茶人士的推崇。青花瓷茶具的出现，丰富了茶具的种类，也反映了元代瓷器制作工艺的进步。

（三）明清时期茶具鼎盛

明代饮茶方式发生了重大转变，朱元璋废团为散，人们开始改喝散茶，普遍采用沸水直接冲泡的饮茶法。这种转变导致唐宋时期用于炙茶、碾茶等的茶具不再需要，茶具变得更加简约。明代茶具最突出的特点是出现了小茶壶和茶盏的形色变化。小茶壶由陶或瓷烧制而成，江西景德镇的白瓷茶具和青花瓷茶具、江苏宜兴的紫砂茶具获得了极大的发展。宜兴紫砂茶具色泽丰富多彩，造型优雅，集书画、雕塑艺术为一体，兼具实用价值与欣赏价值。景德镇的白瓷茶具和青花瓷茶具则以其精美的造型、优良的质地和丰富的花色进入了穷工极巧的新时期。

清代，盖碗在宫廷中备受宠爱。盖碗由上盖、中碗、下托三部分组成，又称三才碗，象征着“天地人”三才，反映了中国人器用之道的哲学观。清代景德镇茶具在明代的基础上进行了创新性发展。除了继续生产青花瓷、五彩瓷外，还新创了粉彩、珐琅彩等新品种。特别是乾隆一朝，新创了集各种工艺于一体的陶瓷，并能生产仿木纹釉、仿石纹、仿青铜彩、仿绿松石釉的瓷器，把中国陶瓷工艺推向历史的新高峰。清代茶具种类基本与明代相似，以瓷器和紫砂为主。其中景德镇的瓷器、宜兴的紫砂最为出色，精美程度超越了过去。

第四节 茶具的保养技巧

（一）日常保养方法

茶具应存放在干燥、密封的地方，这样可以避免茶具因受潮而损坏或滋生霉菌。同时，远离明火可以防止茶具因高温而变形或破裂，远离油污则可以保持茶具的清洁和卫生。如果茶具不小心沾到油污，应立即清洗，否则会留下难以去除的油痕。

及时清洗茶具是非常必要的，因为茶渍会影响茶具的美观和茶汤的味道。清洗茶具时，应使用软刷子，避免使用钢丝球等硬物，以免刮伤茶具表面。对于陶瓷茶具，可以挤少量牙膏在茶具表面，用手或棉花棒均匀涂抹，一分钟后用水清洗，茶垢很容易被清洗干净。对于紫砂壶，壶表淋到茶汁后，用软毛小刷子轻刷；壶中积茶，用开水冲净，再用清洁的茶巾稍加擦拭，切忌用力刷擦，也不能用洗洁精或化学洗洁剂洗刷，以免洗掉壶内茶味和外表包浆。

（二）不同茶具保养差异

多泡茶对茶壶保养有很多好处，泡的次数越多，茶壶吸收的茶汤也就越多，经过日积月累的浸润，茶壶表面会散发出润泽如玉的光芒。茶壶最忌沾到油污，若不小心沾到，必须立刻清洗，否则茶壶不但吸收不到茶水，反而会留下油痕。当壶表面淋到茶汁后，用软毛小刷子轻刷，壶中积茶用开水冲净，再用清洁的茶巾稍加擦拭即可，擦与刷要适度，切忌用力搓洗。

茶盘的保养要注意根据材质选择不同的方法。木类茶盘要避免长时间泡水，防止开裂变形，定期用干净的湿布擦拭，再用干布擦干，保持干燥。竹类茶盘要避免暴晒和潮湿，以免开裂、发白、发味，不耐用。石茶盘要注意避免与硬物碰撞，防止损坏，平时用湿布擦拭即可。电木茶盘要避免高温和刮擦，可用湿布擦拭，保持清洁。不锈钢茶盘要注意防止划痕，可用柔软的布擦拭，保持光亮。

茶叶罐的保养要根据材质选择合适的方法。陶瓷茶叶罐要避免碰撞和刮擦，保持清洁，可定期用湿布擦拭。紫砂茶叶罐要专罐专用，避免沾染异味，及时清理茶渣，用棉质细布茶巾擦拭罐身，不要接触油脂类物质。金属茶叶罐要避免接触酸性物质，防止生锈，可用清水或中性洗洁精清洗后擦干。玻璃茶叶罐要避免碰撞和高温，可用清水清洗，保持干燥。紫砂葫芦茶叶罐要放在干燥通风的地方，避免阳光直射，定期翻转，保持味道均匀。清洗茶叶罐时，要根据材质选择适当的方法和频率，倒出残留茶叶，用清水冲洗，再用食品级洗涤剂或消毒液彻底清洗，最后用清水再次冲洗，去除洗涤剂或消毒液残留。清洗后要保持茶叶罐干燥、无异味，为茶叶提供良好的储存环境。

第五节 茶具与茶类的搭配

茶具与茶类的搭配至关重要，不同的茶类具有独特的风味和特点，而不同的茶具也有着各自的特性，恰当的搭配能够充分展现茶的色、香、味，提升品茶的体验。

一、不同材质茶具的特点及适用茶类

1. 瓷质茶具

瓷质茶具土质细腻，烧结温度高，胎质薄，不吸水不吸味，传热快。这种茶具能将茶的风味淋漓尽致地表现出来，泡出的茶香高味鲜。它非常适合用来冲泡风格清扬的茶类，如原料较嫩的绿茶、花香型红茶、清香型乌龙茶等。

对于嫩绿茶，瓷质茶具能快速传热，控制水温在适宜范围内，不会破坏绿茶中的维生素C和茶多酚等营养物质。同时，其不吸味的特性，能让绿茶的清新口感得以完美呈现，不会被茶具吸附味道而变得寡淡。花香型红茶在瓷质茶具中冲泡，能充分展现其花香与红茶的醇厚口感，茶香不会被茶具吸收，而是在茶具中充分散发，让人在品茶时能感受到浓郁的花香与红茶的甘甜。清香型乌龙茶在瓷质茶具中冲泡，其清新的香气和独特的韵味能被更好地凸显出来，茶具的传热快特点能使乌龙茶在适宜的温度下释放出最佳的风味。

2. 陶质茶具

陶质茶具土质沙粒感强，烧结温度低，胎质厚，易吸水吸味，传热慢。这种茶具适合冲泡风格厚重的茶，如普洱、蜜香型红茶、醇厚型乌龙茶、老白茶等。

陶质茶具的厚胎和多孔结构，使其具有良好的保温效果，能让茶在较长时间内保持适宜的温度，有利于茶叶中的物质充分释放。普洱在陶质茶具中冲泡，茶汤会更加醇厚，陶土中的矿物元素与茶汤相互作用，使普洱的陈醇韵味更加突出。蜜香型红茶在陶质茶具中冲泡，其浓郁的香气能与陶土的气息相互融合，增添一份厚重感。醇厚型乌龙茶在陶质茶具里冲泡，能充分展现其丰富的口感和深沉的韵味，茶汤在陶器内壁的气孔中进出，与陶土发生反应，使茶的醇厚韵味更加明显。老白茶在陶质茶具中冲泡，能慢慢释放出其独特的陈香和醇厚口感，茶具的吸水性和保温性为老白茶的冲泡提供了理想的条件。

3. 紫砂器具

紫砂器具气孔率高，吸水性强，透气性极佳，对茶汤有润色作用。它适合冲泡普洱老茶、老白茶、黑茶等重发酵、重焙火的茶。

紫砂器具的独特结构能吸附茶中的异味和杂质，使茶汤更加纯净。普洱老茶在紫砂器具中冲泡，能充分展现其陈香和醇厚口感。紫砂器具的透气性和润色作用，能让普洱老茶的风味更加独特。老白茶在紫砂器具里冲泡，能慢慢释放出其岁月沉淀的韵味，茶具的气孔结构能使老白茶的茶汤更加醇厚。黑茶在紫砂器具中冲泡，其重发酵和重焙火的特点能与紫砂器具相互呼应，使黑茶的口感更加浓郁，茶汤更加顺滑。

4. 玻璃器具

玻璃器具散热快，透明，观赏性强。它适用冲泡绿茶、花草茶等。

玻璃器具的透明特性，让人们能直观地欣赏到绿茶的优美形态和色泽，以及花草茶在水中绽放的美丽模样。对于绿茶，玻璃器具能控制水温在适宜范围内，不会破坏绿茶中的营养物质。同时，其散热快的特点，能让绿茶在冲泡后迅速降温，保持绿茶的清新口感。花草茶在玻璃器具中，其鲜艳的颜色和独特的形态能给人带来视觉上的享受，让人在品茶的同时，也能欣赏到花草茶的美丽。

二、常见茶类与茶具搭配方法

（一）绿茶

绿茶是未经发酵的茶，鲜叶采摘后高温迅速灭掉其中酶类，抑制茶多酚氧化。其具有“三绿”特点，即干茶绿、茶汤绿、冲泡后的叶底也是绿色。口味清新，具有清热利湿的作用。适合工作忙碌、用电脑较多的青年人以及体质偏热、胃火旺、精力充沛的人饮用。但对肠胃刺激较大，过敏体质、脾胃虚寒者及神经虚弱者、易失眠者晚上不适合饮用。

品饮绿茶最搭配的茶具以透明玻璃杯为主，也可用白瓷盖杯。名优绿茶如龙井茶、碧螺春等，可选择简单的透明玻璃茶具，能将杯中茶叶形状、汤色尽收眼底，感官上是一种美的享受，细嫩柔软的茶叶在冲泡过程中渐渐绽放、舒展、沉浮，芽叶朵朵，亭亭玉立，茶汤澄清透亮，观之赏心悦目。冲泡水温以 85 ℃为宜，冲泡时间 2~3 分钟，绿茶与水的比例以 1∶50 为宜，冲泡时不要盖盖子。

（二）红茶

红茶是全发酵茶叶，口感浓厚，回甘微甜。种类较多，红条茶制作时一般发酵较充分，滋味醇厚甘甜；红碎茶发酵程度较轻，保留了较多的多酚类物质，滋味浓厚鲜爽，适合加入牛奶、糖、蜂蜜、果汁等来调饮。

品饮红茶最搭配的茶具是盖碗、紫砂壶、咖啡壶等。泡红茶用紫砂壶和陶器茶具最合适，紫砂壶透气性能好，能吸收茶汁，壶内壁不刷，沏茶而绝无异味，且经久使用，壶身色泽越发光亮照人；青花瓷泡红茶，能使红茶的汤色清晰；汝瓷也是很好的选择，配红茶为当之无愧的选择；玻璃茶壶冲泡红茶，特别是高档的红茶，容易看到红茶的茶汤的色泽，使红茶的美感尽现。需要注意的是红茶是全发酵茶，冲泡时不可直接冲入温度过高的沸水，须等水沸后静置半分钟以上再冲泡，且红茶不宜久泡。茶碗可过滤杂质，散发香气；玻璃杯造型优美，不易生锈，能将红茶中的香气更充分地释放出去，使其更具香醇味美，还能在杯壁上形成“茶山”，增加观赏性；紫砂壶内壁光滑、手感细腻、透气性好、使用寿命长、能与茶汤发生化学反应，适合泡一些陈年红茶，能提升茶的口感。

（三）乌龙茶

乌龙茶品感醇厚、鲜爽、灵活、既有绿茶的清新，又有红茶的醇厚，还带有回甘。

品饮乌龙茶最搭配的茶具为紫砂壶、白瓷杯具、盖碗等。紫砂壶较聚香，适合冲泡需要高温冲泡的乌龙茶，能更好地呈现乌龙茶的香型；白瓷杯具能保持茶的温度，不吸味，适合泡各种茶，简约风格能让人更专注于茶的本身。

（四）花茶

花茶受女性朋友喜爱，有润肤美颜的效果。其花香袭人，汤色明亮，叶底细嫩，最适宜清饮，或者加入适量蜂蜜，以保持其特有的清香。花茶是集茶味与花香于一体，茶引花香，花增茶味，相得益彰，既保持了浓郁爽口的茶味，又有鲜灵芬芳的花香。

品饮花茶最搭配的茶具为大瓷壶、大玻璃壶，方便花朵伸展和观赏。对于高档花茶，其品质特色和绿茶相似，茶叶在水中形态各异，袅娜多姿，所以可用无花透明玻璃杯冲饮，以便于欣赏其“茶舞”之翩跹，还可选用白瓷盖碗或带盖的瓷杯，以防止浓郁的花香散失；普通低档花茶，则宜用较大的瓷壶冲泡，可得到较理想的茶汤，保持香味。较大的壶盛水多，散热慢，因此要选耐烫的茶杯。此外，还有一种造型工艺花茶，除了普通玻璃杯外，还可以用鸡尾酒杯来泡制，更加凸显时尚。

（五）白茶

白茶分为新白茶和老白茶。新白茶可观赏其白翠的魅力，老白茶有较好的透气性。白茶是一种经过轻微加工的茶，主要分为白毫银针、白牡丹、寿眉等品类。其制作过程较为简单，主要是自然萎凋和干燥，保留了丰富的天然成分。白毫银针是芽茶，白牡丹、寿眉等是叶茶。白毫银针香气清新，汤色淡黄，滋味鲜爽，是白茶中的极品；白牡丹兼具芽的鲜嫩和叶的醇厚，汤色清澈呈杏黄色，香气清雅；寿眉是以菜茶茶树的芽叶制成，产量高，味道相对浓郁，汤色红浓。

品饮白茶最搭配的茶具是新白茶用玻璃杯或碗盖，能很好地展现新白茶的汤色和叶底，不影响茶的原味；老白茶用土陶瓷壶，紫砂壶能更好地存放茶香，适合泡一些陈年白茶，能提升茶的口感。

（六）黄茶

黄茶是轻发酵茶，具有气香馥郁，滋味醇厚的特点。品饮黄茶最搭配的茶具是玻璃杯或盖碗，尤其是君山银针用玻璃杯适宜，可欣赏其“三起三落”的美丽姿态。

（七）黑茶

黑茶需要高温冲泡，具有耐泡、保香的特点。品饮黑茶最搭配的茶具是紫砂壶，更突出其陈醇韵味。紫砂壶透气性好，能够吸附茶香，随着使用时间的增长，茶具会形成独特的“茶气”，适合冲泡黑茶，能提升黑茶的口感。

茶具与茶类的搭配并非一成不变，而具有一定的灵活性。不同的人对于茶的口感和风味有着不同的喜好，因此在选择茶具时也可以根据个人的偏好进行调整。

一方面，了解不同茶类的特点和适合的茶具，能够帮助我们更好地展现茶的品质。例如，绿茶的清新爽口，用透明玻璃杯或白瓷盖杯能够让人欣赏到其优美的形态和色泽；红茶的醇厚甘甜，紫砂壶、盖碗等茶具能使其口感更加丰富；乌龙茶的耐泡特性，紫砂壶、白瓷杯具等能凸显其香型；花茶的花香袭人，大瓷壶、大玻璃壶等方便花朵伸展和观赏；白茶新茶的白翠魅力和老白茶的透气性，分别适合玻璃杯或碗盖以及土陶瓷壶、紫砂壶；黄茶的气香馥郁，玻璃杯或盖碗能展现其特色；黑茶的耐泡和保香，紫砂壶是理想的选择。

另一方面，我们也可以尝试不同的搭配，发现新的品茶体验。虽然有一些常见的搭配方法，但并不意味着不能突破传统。有时候，尝试用不同的茶具泡同一种茶，可能会带来意想不到的惊喜。比如，有人可能会发现用紫砂壶泡绿茶，在控制好水温的情况下，也能品尝到别样的风味；或者用玻璃器具泡红茶，欣赏其独特的色泽变化。

总之，茶具与茶类的搭配是一门艺术，也是一种乐趣。鼓励茶友们在品茶的过程中，根据自己的喜好和茶叶的特点，大胆尝试不同的茶具组合，提升品茶体验，感受茶文化的博大精深。无论是追求传统的搭配还是探索创新的组合，都能让人们在茶香四溢中找到属于自己的那份宁静与满足。

第四章　茶艺实践

第一节　茶艺的历史与发展

一、茶艺的起源

茶艺作为一门独特的艺术和文化形式，有着悠久的历史。在唐代，茶艺迎来了重要的发展阶段。陆羽的《茶经》对茶艺进行了系统阐述，涵盖了茶之源、具、造、器、饮、事、出、略、图等方面，为后世茶艺的发展奠定了坚实基础。唐代的茶艺注重选茗、择具、备具、烹煮和品饮的整个过程，强调茶的品质和艺术性。

在选茗方面，陆羽重视茶叶质量，对茶树种植地有严格要求，“上者生烂石，中者生栎壤，下者生黄土”。采茶时也注重茶叶的品质，“野者上，园者次。阳崖阴林，紫者上，绿者次；笋者上，芽者次；叶卷上，叶舒次”。在茶叶加工过程中，唐代流行饼茶，加工包括炙茶、碾茶、罗茶三道程序。饼茶外观千形万状，充满自然之趣。

唐代茶艺在选水方面也有讲究。陆羽认为“其水，用山水上，江水中，井水下”“其山水，拣乳泉、石池漫流者上”“使新泉涓涓然，酌之”。这种选水方法基于感性经验，有一定道理。泉水洁净清爽，江水虽浑浊但流水不腐，井水则相对较差，但“汲多则水活”的活水井水质不至于太差。

煮茗是唐代茶艺的关键环节。烧水时讲究取火，最好用木炭，其次用硬柴。沾染膻腥、含油脂多或朽木之类不宜用。煎茶时先将水放入“鍑”中烧开。

宋代，茶艺进一步发展。人们兴起斗茶，卖茶水的人相互试论高低，被称为“茶百戏”，有了表演的意识。饮茶风气更盛，茶艺也更为精深。御史大夫李季卿宣慰江南时，曾请常伯熊表演煮茶，常氏手里拿着茶壶，口中述说着茶名，逐一详细说明。

明代茶艺较重要的贡献是瀹饮法的定型与发展。清代以来，流行功夫茶，功夫茶风格独特，影响较大。

二、茶艺实践的文化内涵

（一）精神内涵

茶艺实践讲究“和、敬、静、清”之境，这一精神内涵体现了中国传统文化的价值观念。

“和”意味着和谐，无论是人与人之间的关系，还是人与物之间的互动，都蕴含着和谐之美。在茶艺活动中，主客之间的交流充满和谐，从礼仪到言语，都表达着“和”的意韵。例如，在茶会上，人们遵循一定的仪式，共同品茶，这种仪式感源自内心的恭敬，体现了人与人之间的和谐共处。日本茶道的精神中，“和”也是重要的一环，指人与人之间的相和乐，如同圣德太子宪法所倡导的“以和为贵”，上下和谐、朋友和谐、夫妻和谐，只有和谐才能带来平和的世界。

“敬”代表尊敬与敬畏，是从心而发的一种态度。对长辈的尊敬、对友人客人的敬爱，以和为敬，体现了朱子所说的“主一无适”，即敬之态度应专诚一意，显现于形表为诚恳之仪态，无轻藐虚伪之意。在茶艺活动中，无论是面对何人，都应起恭敬心，不可心生不敬。例如，在奉茶时，按照茶艺礼仪的标准向宾客敬茶，双手递杯，说礼貌用语，体现了对宾客的尊敬。

“静”指环境的幽静、茶事过程中的安静以及茶人的心静。当心平静而专注时，就会产生力量和智慧。在繁忙的工作和生活压力下，觅得一静处，燃香泡茶，细细品味，便能让心静下来，感悟人生，涤荡灵魂。例如，在茶事活动中，选择一个安静的空间，播放轻柔的音乐，营造出宁静的氛围，让茶人能够专注于泡茶的过程，感受内心的平静。

“清”代表清净、清洁，既指茶室内外的环境整洁，也指茶道中的种种礼仪规范。心无邪念，不被欲念和烦恼所困扰，是一种境界。在茶艺活动中，要求服装整洁端庄，泡茶者先洗手，不涂抹有味道的护手霜和使用香水，台面上除了茶具减少无关器具，以保持环境的清净。同时，以泡茶的方式自省，去除杂念，达到身心空净的境界。

（二）智慧内涵

茶艺实践以茶为媒介，表现了中国古代的智慧与哲学。

阴阳五行的观念在茶艺中有所体现。例如，在茶具的选择上，不同材质的茶壶具有不同的特性，适合冲泡不同类型的茶叶。紫砂壶的透气性和茶性能良好，适合发酵程度较高的黑茶、普洱茶、乌龙茶等，这与五行中土的属性相呼应，土能承载万物，具有包容和孕育的特性。而玻璃壶透明度高，适合泡制清香型茶叶，如绿茶、白茶、黄茶等，便于观赏茶叶在水中的姿态，这与五行中水的属性相关，水清澈透明，流动变化。

中庸之道在茶艺中也有深刻的体现。中庸强调不偏不倚、中和为上，重视恒久兼用。在茶艺活动中，泡茶时要掌握好投茶量、水温、冲泡时间等因素，做到恰到好处，既不过分也无不足。例如，不同的茶叶需要不同的水温来冲泡，绿茶适合用 80 ℃左右的水温冲泡，红茶适合用 90 ℃左右的水温冲泡，黑茶需要用 100 ℃的水温冲泡，这就是根据茶叶的特性来调整，达到中庸的平衡状态。

此外，茶艺与哲学思想的融合还体现在天人合一的观念上。古代哲学思想强调天人合一，在茶艺活动中，人们追求与自然的和谐统一。例如，在选择茶叶时，注重茶叶的产地和自然环境，认为好的茶叶是自然的馈赠。在茶具的设计上，也体现了天人合一的思想，如改造茶具茶炉以五行阴阳为原理，利用中国传统文化作为指导，重视天人之间的相互兼容，不形成人与自然的对立。

（三）生活内涵

茶艺实践融入日常生活，注重品味和生活品质，传承与推广茶艺文化。

在日常生活中，人们以家庭为单位进行品茗活动，享受茶香带来的宁静与愉悦。学校、企事业单位也开展品茶文化推广活动，让更多的人了解茶艺文化，感受其独特魅力。

茶艺实践注重品味，从选茶、备具、备水到冲泡、品饮，每一个环节都充满了讲究。选茶要根据茶艺主题、环境特点或宾客要求进行，了解茶叶的产地、品种、制作工艺等方面的知识，选择优质的茶叶。备具要结合环境布局和茶叶特点，选择合适的茶具，如紫砂壶适合泡制发酵程度高的茶叶，玻璃壶适合泡制清香型茶叶。备水要掌握好水温，不同的茶叶需要不同的水温来冲泡，以充分发挥茶叶的香气和口感。

茶艺实践还注重生活品质的提升。通过营造优美的环境、播放轻柔的音乐、摆放鲜花绿植等装饰品，为人们创造一个舒适、优雅的品茶空间。在这个空间里，人们可以放松心情，与朋友、家人交流，增进彼此的感情。同时，茶艺文化也强调礼仪和修养，在奉茶、品饮等环节中，人们要遵守礼仪规范，体现出良好的素养和品位。

茶艺实践的文化内涵丰富而深刻，它不仅体现了精神层面的“和、敬、静、清”之境，展示了中国古代的智慧与哲学，还融入日常生活，提升了人们的品位和生活品质，为传承与推广茶艺文化发挥了重要作用。

第二节 茶艺实践的要求

一、茶具与个人卫生

1. 保持茶具清洁

泡茶品茶学问大，清洗茶具也有诸多讲究。当人们对品茶有所了解，用心去品茶时，会发现不同的茶叶需要不同的器具来冲泡。如果茶具不清洁，不仅会影响茶叶原味的发挥，也难品悟茶中清醇的神韵。比如紫砂壶，其艺术性和实用性都较高，再加上泡茶的诸多好处以及与茶禅文化的结合，增加了它高贵不俗的雅韵。人们在闲暇时刻喝茶，喜欢让自己慢下来，品味茶道，领悟人生，而茶具的选择就是对自己领悟茶道最直观的体现。

喝茶最讲洁净，要养成喝完茶及时清洗的习惯，千万不要让用过的茶壶、茶杯不洗就过夜。每天喝茶后及时清洗，只需要用沸水把茶具彻底冲洗干净、晾干就可以了。清洗茶具的方法有很多，如在使用金属制的茶具时，若因有茶垢变得乌黑，可用醋浸泡或用漂白剂浸泡后轻易去垢；茶杯、茶壶等茶具用久了会产生大量茶垢，可以用海绵蘸盐摩擦清洗；对于小块茶垢，可把茶具浸泡在漂白剂或清洁粉的溶液中放置一晚去掉茶垢。还可以使用牙膏清洗法、小苏打或热米醋清洗法等妙招，将茶具清洗干净。

2. 注意个人卫生

茶艺人员的仪容仪表要端庄、美好、整洁。手部要保持清洁，避免使用香皂、化妆品等异味物品，指甲不宜过长，更不能涂抹指甲油，以免影响茶的味道。茶艺师作为茶文化的传播者，其个人卫生不仅关系到自身形象，也直接影响到客人的品茶体验。茶艺人员面部要保持清洁，妆容淡雅，不得浓妆艳抹，避免使用香气过重的香水或化妆品。口腔要保持清新口气，避免食用有异味的食品，勤刷牙漱口，不得有口臭。定期看牙医，保持牙齿健康。发型要清洁整齐，长发需盘起，不得披散，刘海不得遮挡眼睛。

二、服装仪容与泡茶技巧

1. 服装得体和谐

在茶艺活动中，服装选择至关重要。茶艺之美崇尚“俭、清、和、静”，茶艺服饰材质多选用天然材质，整体效果要求端庄、素雅、洁净，易于茶艺操作，不宜太过繁复华丽，且以中式服装为多。在选择茶艺服装时，要遵守适时、适景、适人的原则，与环境、茶席相协调，从而起到雅化修饰的作用，美化人的仪容，提升人的气质。

服装应时应季，春夏可选择淡色系，给人清爽生机之感；秋冬可选择暖色系，给人温暖热情之感。茶艺人员在选择服饰时，整体不宜太过鲜亮，要与所处环境和谐，同时与季节时令、历史背景、文化背景等相协调，给人以和谐之美，为品饮增加情趣。演示古典茶艺时，需要穿着所属时代背景的服装；演示民族茶艺时，应穿着反映民族特色的服装；演示宗教茶艺时，服装也要体现宗教特色；演示现代风格的茶艺时，可配以色彩协调的中式或西式结合的现代服装。

2. 掌握泡茶技巧

把握好水、量、器是泡好一杯茶的关键。每个茶的种类都有自己适合冲泡的投茶量、温度、水质和适用器皿，同一类茶因不同的级别、工艺、产区也有各自最佳的冲泡要求。要想泡好一杯茶，首先要选对泡茶水、控制投茶量、选好茶器。水是茶之母，好水才能泡出好茶。不同的水适合不同的茶，在泡茶时要先了解泡茶水的属性，选择适当的水泡恰当的茶品。因器泡茶与因茶选器既有相似之处，也有本质区别。因茶选器是根据茶的种类选择最适合冲泡的茶器；因器泡茶是在茶具已经固定的情况下，采用适当的茶种、投茶量、泡茶水、冲泡手法来泡茶，尽可能展现出茶品的最好一面。

对于普洱茶生茶新茶的冲泡，可先低温水润茶，逐渐升温，最后沸水冲泡；注水手法先轻后重；先敞盖冲泡，最后几道水闷泡；出水必净；定点注水很重要；压制较紧的普洱茶最好适当加长洗茶、润茶的时间。台地茶、生态小树茶适合采用低温水冲泡，古树茶适合采用较高温度的水进行冲泡。

武夷岩茶的冲泡非常考究冲泡手法，要做到“五个一定”：冲泡一定要用沸水；出汤一定要注意时间，先快后慢；出汤一定要干净；刮沫一定要快；泡茶前一定要先温器。

三、言行举止与服务质量

1. 言行举止得体文雅

茶艺人员在行茶过程中，言行举止要得体、文雅，保持良好的职业形象。茶艺人员与顾客交流时应态度礼貌，语言得体，避免大声喧哗或使用不雅言语；注重个人修养，保持微笑和耐心，以友善的态度与客人交流，提供优质的茶艺服务；出场时，上身挺直，目光平视，面带笑意，肩膀放松，手臂按照常规礼仪自然摆放，跨步脚印为一条直线，亦可手执茶器物件出场，向右转弯时，右脚先行，直角拐弯，反之亦然。茶艺人员的走姿要稳健优美，以大关节带动小关节，排除多余的肌肉紧张，以轻柔、大方和优雅为目的，不能左右摇晃，腰部不能扭动。

2. 尊重客人口味偏好

茶艺人员要尊重客人口味和偏好，在推荐茶叶和泡茶方式时要考虑客人的需求和喜好。主动了解客人的反馈和建议，不断改进服务质量。泡茶时，可根据客人的喜好选择不同的茶叶种类和冲泡方法，如客人喜欢清淡的口味，可以选择绿茶或白茶，并控制好水温、冲泡时间等参数，泡出符合客人口味的茶汤。

3. 维护环境卫生

茶艺人员在行茶事过程中要注意维护环境卫生，保持茶室的整洁和安静。在提供服务时要注意轻拿轻放，避免干扰客人的品茗体验。茶事活动结束后，每次都应将茶渣和茶汤都倒掉，再用热水冲去残留在壶身的茶汤，以保持壶里壶外的清洁。茶具放置茶盘之上，静置阴干，要保持茶器具内外的干爽。

第三节 茶艺实践的步骤

一、准备阶段

（一）营造环境

根据茶艺活动的要求和现有条件布置会场是准备阶段的首要任务。如果是一场正式的茶艺表演，可以选择一个安静、优雅的空间，如中式风格的茶室，摆放一些传统的中式家具和装饰品，营造出古朴、典雅的氛围，如图 4-3-1 所示。如果是在户外进行茶艺活动，可以选择一个风景优美的地方，如花园、公园等，摆放一些简易的桌椅和茶具，让人们在自然的环境中享受茶艺的乐趣。

图 4-3-1 营造环境

灯光的设置也很重要，可以选择柔和的黄色灯光，营造出温馨、舒适的氛围。同时，可以在会场中摆放一些鲜花、绿植等装饰品，增加会场的生机和活力。

音乐的选择也可以为茶艺活动增添氛围。可以选择一些轻柔、舒缓的古典音乐，如古筝、琵琶等，让人们在品茶的同时，享受音乐的美妙。

（二）选茶

选茶是根据茶艺主题、环境特点或宾客要求进行的。如果是一场以绿茶为主题的茶艺活动，可以选择一些优质的绿茶，如龙井、碧螺春、黄山毛峰等。如果是在夏季进行茶艺活动，可以选择一些清凉解暑的茶，如绿茶、白茶等。如果是为了满足宾客的口味要求，可以提前了解宾客的喜好，选择适合宾客口味的茶。

在选茶时，还需要注意茶叶的品质。可以通过观察茶叶的外形、色泽、香气等方面来判断茶叶的品质。优质的茶叶外形整齐、色泽鲜艳、香气浓郁。

（三）备具

备具是结合环境布局和茶叶特点组合茶具。如果是在中式风格的茶室中进行茶艺活动，可以选择一些传统的中式茶具，如紫砂壶、青花瓷杯等。如果是在现代风格的空间中进行茶艺活动，可以选择一些简约、时尚的茶具，如玻璃壶、白瓷杯等。

根据茶叶的特点选择合适的茶具也很重要。例如，绿茶适合用玻璃杯冲泡，以便欣赏茶叶在水中的形态；红茶适合用紫砂壶冲泡，以便更好地发挥红茶的香气和口感。

同时，还需要准备一些辅助茶具，如茶荷、茶则、茶匙、茶针等，以便在冲泡过程中使用。

（四）备水

备水是依照饮用水的标准事先烧好沸水，有条件也可取用优质泉水，注意掌握冲泡时的水温。不同的茶叶需要不同的水温来冲泡，一般来说，绿茶需要用 80 ℃左右的水温冲泡，红茶需要用 90 ℃左右的水温冲泡，黑茶需要用 100 ℃的水温冲泡。

如果使用泉水来冲泡茶叶，可以更好地发挥茶叶的香气和口感。在使用泉水时，需要注意泉水的质量和卫生，选择干净、无污染的泉水。

二、冲泡阶段

(一)赏茶

冲泡前拨取适量茶叶置于茶荷中，向宾客展示，欣赏茶叶的同时了解茶叶品质，如图 4-3-2 所示。在赏茶时，可以观察茶叶的外形、色泽、香气等方面。优质的茶叶外形整齐、色泽鲜艳、香气浓郁。

同时，可以向宾客介绍茶叶的产地、品种、制作工艺等方面的知识，让宾客更好地了解茶叶的特点和价值。

图 4-3-2 赏茶

(二)烫涤茶具

用烧开后的热水冲洗茶具，一方面清洁茶具，一方面提升茶具温度，使茶叶在冲泡时充分展现色、香、味、形的特点。在烫涤茶具时，可以先将热水倒入茶壶中，然后将茶壶中的水倒入茶杯中，依次冲洗茶具，如图 4-3-3 所示。

烫涤茶具的时间不宜过长，一般来说，冲洗茶具的时间在 10 秒钟左右即可。冲洗完茶具后，需要将茶具中的水倒掉，准备进行正式冲泡。

图 4-3-3　烫涤茶具

（三）正式冲泡

依据主泡茶具的大小，投入适量茶叶，根据茶叶的特点采用不同的冲泡方式，如图 4-3-4 所示。如果是用紫砂壶冲泡红茶，可以先将茶叶放入紫砂壶中，然后用热水冲洗茶叶，倒掉第一泡茶汤，这一步称为“洗茶”。洗茶的目的是去除茶叶表面的杂质和异味，同时也可以唤醒茶叶的香气。

图 4-3-4　冲泡

洗茶后，再用热水冲泡茶叶，根据茶叶的品种和个人口味调整冲泡时间和水温。一般来说，红茶的冲泡时间在 3~5 分钟左右，水温在 90 ℃左右。

泡好后可直接饮用，也可将茶汤倒入公道杯分入各品茗杯中饮用。在倒茶时，需要注意茶汤的均匀度和温度，避免烫伤宾客。

三、品饮阶段

（一）奉茶

按照茶艺礼仪的标准向宾客敬茶。在奉茶时，需要注意茶具的摆放和奉茶的顺序。一般来说，茶具的摆放应该整齐、美观，奉茶的顺序应该是先主宾后次宾，先长辈后晚辈，先女士后男士。

奉茶时，需要用双手将茶杯递给宾客，并说一些礼貌用语，如“请用茶”“请品尝”等，如图 4-3-5 所示。

图 4-3-5 奉茶

（二）品饮

先闻茶香，后观茶色，再细品其味。在闻茶香时，可以将茶杯放在鼻子下方，轻轻吸气，感受茶叶的香气，如图 4-3-6 所示。不同的茶叶有不同的香气，如绿茶的香气清新淡雅，红茶的香气浓郁醇厚，乌龙茶的香气馥郁持久。

观茶色是观察茶汤的颜色和透明度。优质的茶汤颜色鲜艳、透明度高。不同的茶叶有不同的汤色，如绿茶的汤色嫩绿明亮，红茶的汤色红浓明亮，乌龙茶的汤色金黄明亮。

细品其味是品尝茶汤的口感和滋味。在品尝茶汤时，可以将茶汤含在口中，用舌头轻轻搅拌，感受茶汤的滋味和口感。优质的茶汤口感醇厚、滋味鲜爽。

图 4-3-6　品饮

四、收具阶段

整理、清洁茶具是茶艺过程的最后一项工作，可在客人离开后进行。收具过程要有序，清洗要干净，一般不选用气味浓重的洗涤剂。

先将茶具中的茶汤倒掉，然后用清水冲洗茶具。对于一些难以清洗的茶具，可以用软毛刷或海绵轻轻擦拭。清洗完茶具后，需要将茶具晾干或用干净的毛巾擦干。对于一些贵重的茶具，可以用专门的茶具保养剂进行保养。最后，将茶具整理好，放回原处，以便下次使用。

图 4-3-7 收具

第四节 泡茶的基本原理

一、茶叶与热水的相互作用

茶作为一种饮品，其独特的风味和香气来自茶叶中的各种有效成分。当热水与茶叶接触时，茶叶中的有效成分开始溶解，并与水分子发生反应。这些反应涵盖茶多酚的氧化、茶碱的溶解、氨基酸的水解等。这些反应使得茶中的有效成分含量逐渐增加，口感和香气也逐渐显现。

茶叶中含有多种对人体有益的有效成分，如茶多酚、茶碱、氨基酸、蛋白质、维生素等。这些成分在泡茶过程中，会随着温度和时间的变化逐渐释放出来。热水能够加速茶叶中有效成分的溶解和释放，使我们能够品尝到茶叶的美味和享受到其保健功效。

不同种类的茶叶，如绿茶、红茶、乌龙茶等，其所含的可溶性物质不同，在热水中的析出速度和程度也有所差异。

1. 绿茶

绿茶是以嫩度来衡量等级的重要指标，越嫩的茶说明采摘时间越早，越嫩的茶品质越好。通常来讲，明前绿茶受人喜爱，因为此时大多数绿茶是娇嫩的、新嫩的。在六大茶类中，绿茶的整体耐泡度不高。影响耐泡度的因素有四个，第一是发酵程度，第二是茶多酚、咖啡碱含量，第三是茶叶粗细，第四是内物质析出速度。

一般情况下，发酵程度越高的茶就比较耐泡。绿茶是不发酵茶，工艺为杀青、揉捻和干燥，杀青会让酶的活性钝化，制止多酚类物质氧化。而其他茶类经过发酵反应，在酶的作用下，产生很多氧化产物，主要表现在汤色和滋味上。

绿茶氨基酸含量较高，茶多酚、咖啡碱含量较低，所以绿茶主要以鲜爽为主。往往越细嫩、娇嫩的绿茶不怎么耐泡，因为娇嫩的高档绿茶，氨基酸较多，不耐泡。叶子较多的中低档绿茶茶多酚、咖啡碱较多，也比较耐泡。

经过揉捻的茶叶，内物质析出速度都不慢。六大茶中，除了白茶外，其他茶叶多多少少都经过揉捻，破坏茶叶细胞壁，所以内物质会比较容易析出。白茶只经过萎凋与干燥，不炒不揉，茶叶细胞壁保存较好，比较耐泡。从白茶身上可以看出，揉捻程度少则不易析出内物质，比较耐泡。反之则不耐泡。

经过揉捻的茶叶外形大多是奇形怪状的，比如有卷曲形、长条形、圆珠形、扇平形、针形、螺形。形状怪异则说明揉捻的程度较大，与茶叶自然形态保持一致的则说明揉捻程度不大。那么卷曲形的绿茶析出内物质速度会比针形、扁平形的绿茶来得快。此外，内物质析出速度也与水温、浸泡时间有关，用沸水泡且泡得很久，那么内物质就会尽情地析出，反之则析出较慢。

2. 红茶

红茶是全发酵茶，茶叶的汤色红亮，口感醇甜可口宜人。冲泡红茶的水温对茶汤的浸出含量和口感有很大影响。使用等量的红茶，用 60 ℃的开水冲泡红茶与用 100 ℃的水冲泡，两者茶汤的浸出含量是完全不同的，口感也完全不一样。60 ℃水温冲泡的茶汤只有 100 ℃水温冲泡的 45%~65%，60 ℃的水泡出来寡淡无味，而 100 ℃的水泡出来有少许酸涩和苦味。

所以冲泡红茶也要考虑品种与条索因素，根据不同的茶料将温度控制在 90 ℃左右为佳。

3. 乌龙茶

乌龙茶是一种半发酵茶，最突出的特点是其香气丰富高扬，味浓中带着鲜爽。乌龙茶制工精细，综合了红、绿茶初制的特点，性和而不寒，无绿茶之苦、乏红茶之涩，兼有红茶之甜醇、绿茶之清香，其浓香和鲜爽的回味，是其他茶类不及的。

传统乌龙茶制作工艺复杂，包括采摘、日光萎凋、室内静置萎凋与搅拌、做青等环节。采摘讲究茶菁的成熟度，一般标准是形成驻芽的“小开面”“中开面”“大开面”。日光萎凋利用太阳的辐射和热能，促使茶菁内的水分蒸散，为后期做青提供良好的先期物理化学条件。室内静置萎凋与搅拌是对上一步日光萎凋的缓慢深化和调整，为了让茶菁继续走水，促进嫩梗的水分与内含物质继续输送到叶部。做青目的主要是为鲜叶“保水”和加强“酶促”，这是形成闽南乌龙茶品质的关键工序。

晒青和做青是乌龙茶加工工艺两个非常重要的环节，对加工的时间和加工环境的温度、湿度，甚至阳光辐射强度都有严格要求。晒青是乌龙茶的最佳萎凋方式，利用光能与热能促进叶片水分蒸发，使鲜叶在短时间内失水，使叶细胞基质浓度提高，促进酶的活化，加速叶内物质的化学变化。做青是乌龙茶品质形成的关键工序，通过摇青与晾青的交替进行，促使青叶还阳与退青，从而使青叶嫩枝与叶脉中的水分和可溶性内含物向叶片转移，形成乌龙茶特有的香味物质。

二、泡茶过程中的变化

1. 水温上升阶段

将水加热至沸点，此时水的温度逐渐升高，当倒入杯中后，水温会在一定时间内继续上升，为后续泡茶做好准备。这个阶段看似简单，却至关重要。将水加热至沸点，并倒入杯中，水温会逐渐上升。合适的水温是泡茶成功的关键因素之一，不同的茶叶对水温有着不同的要求。

2. 茶叶沉降与展开

当把茶叶放入热水中后，茶叶会渐渐沉降。茶叶是脱水后存贮的，其比重小于水的比重，当刚入沸水中时，由于迅速吸收水分，导致茶叶比重变化，产生浮沉趋势。干的茶叶能吸收很多水分，吸足了水便会变得沉重，当重量增加到浮力不足以支撑时，茶叶就会下沉。同时，下沉的茶叶一般比较饱满、壮实。随着茶叶的沉降，它们会在热水中逐渐恢复原来的形状，并开始展开。此时，随着茶叶与水的接触，茶叶中的香气逐渐释放。

3. 茶汤变色

茶叶中的色素在热水作用下渗出，使茶汤逐渐变色。不同种类的茶叶含有不同的色素，这也导致了茶汤颜色的差异。不同的茶泡出的茶汤颜色不同，主要是由于茶汤中显色成分的含量不同。茶汤显色成分主要有儿茶素、黄酮类物质，以及茶黄素、茶红素、茶褐素。儿茶素含量高的茶颜色属于浅色系，黄酮类物质自然条件下呈黄绿色，而茶黄素、茶红素、茶褐素这些氧化聚合物是茶叶在自然陈化中由儿茶素发生氧化转化而来，使茶汤呈深色。

4. 茶汁沉淀与饮用标准达成

随着泡茶过程的进行，茶汁中的杂质逐渐沉淀。茶中的儿茶素和咖啡因是绿茶汤沉淀的核心成分，通过加入不同浓度分子量的绿茶多糖结合物和不同浓度的金属离子，可以测定结合物和不同的金属离子对临界沉淀浓度的影响。经过沉淀后，茶汤变得清澈，达到饮用标准。此时，可以直接饮用或根据个人口味加入糖、蜜等进行调味。

三、影响泡茶的因素

1. 水质

不同的水质对茶汤品质有极大影响，软水更适合泡茶，能提升茶叶的感官品质。水质的硬度指的是水中溶解的钙和镁离子的含量。水质过硬的水会使茶汤变得浑浊，口感粗糙；水质过软的水则会导致茶叶提取不充分，茶汤平淡。适中的硬度对于泡茶非常重要。

水质的 pH 值会影响茶叶中茶多酚的溶解度。较酸性的水会使茶多酚较少溶解，茶汤颜色浅且口感酸；较碱性的水则使茶多酚易溶解，茶汤颜色深且口感苦。适中的 pH 值能更好地保留茶叶的天然香气和口感。

水中的氯含量也会影响茶汤品质。高氯含量的水会与茶叶中的茶多酚发生反应，产生氯酸盐，使茶汤味道苦涩。因此，最好使用经过滤或去除氯的水来泡茶。

水质的纯净度直接影响茶叶品质。水中的杂质和污染物会使茶汤呈现异味或杂质。选择纯净的饮用水或过滤水来泡茶，能保证茶叶的最佳品质和口感。

2. 水温

水温越高，茶水浸出物溶出量越大，但鲜爽度会下降，苦涩味加重。一般情况下，原料比较鲜嫩的茶叶，更适合用低水温冲泡，像绿茶、红茶、黄茶还有原料细嫩的宫廷普洱茶、白毫银针等，用 85~90 ℃的水冲泡即可。对于普洱茶、岩茶、老白茶、黑茶等可以直接用开水冲泡。

3. 茶水比例

茶叶与冲泡水量的相对比值会影响内含物质的浸出率，从而影响茶汤的感官品质。茶与水的比例关系影响所泡出的茶汤的浓度。把握好投茶量一壶茶放多少茶叶，是有讲究的。投茶量可以根据茶壶大小，按干茶占茶壶的容积估算，这主要取决于茶叶的外形松紧。

对于初学者来说，除了按以上方法把握投茶量外，还可以使用茶秤来准确测量茶叶的克重，再多加练习，慢慢地就可以掌握好用茶量了。茶汤有一定的标准浓度，一般而言，标准投茶量为 1 克茶叶搭配 50 毫升水（茶为水的 2%），以此比例冲泡 5 分钟，茶汤的浓度较为适中。

4. 浸泡时间

浸泡时间越长，内含物质浸出量越多，茶汤滋味越发浓厚，但苦涩度也会提升。一般来说，茶叶泡浸的时间会因为茶叶的种类、泡茶的方法和个人口味等因素而有所不同。例如绿茶一般建议泡茶时间为 2~3 分钟；红茶的泡茶时间一般为 3~5 分钟；乌龙茶是半发酵茶，一般建议泡茶时间为 3~5 分钟；黑茶是一种深度发酵的茶叶，一般建议泡茶时间为 5~10 分钟。

影响茶叶浸泡时间的外界因素也很多，如前后两泡间隔的时间长短、太浓太淡时对下一道茶的影响、紧压茶的冲泡前处理等。同时，观察干茶舒展状况与品质特性来增减时间也是一个好办法，如揉捻成卷曲状的茶、揉捻轻发酵少的茶、重萎凋轻发酵的白茶类、细碎茶叶、重焙火茶等，都有不同的浸泡时间调整方法。

四、不同茶叶的泡茶差异

1. 不同茶类的冲泡原理及水温差异

不同茶类如绿茶、红茶、乌龙茶等，由于制作工艺和原料的差异，其冲泡水温也各不相同。

绿茶通常以嫩度衡量等级，越嫩的绿茶采摘时间越早，口感也越鲜爽。绿茶是不发酵茶，工艺主要为杀青、揉捻和干燥。杀青会使酶的活性钝化，阻止多酚类物质氧化。因此，绿茶中的茶多酚含量相对较低，氨基酸含量较高，以鲜爽为主。一般来说，绿茶的冲泡水温不宜过高，80 ℃左右为宜。这样可以避免高温破坏绿茶中的维生素等成分，同时也能防止茶汤变黄、滋味变苦，更好地保留绿茶的鲜爽口感。

红茶是全发酵茶，汤色红亮，口感醇甜可口。冲泡红茶的水温对茶汤的浸出含量和口感有很大影响。水温过高会破坏红茶中的维生素C等成分，加速咖啡碱、茶多酚等酚类物质的析出，使茶味出现酸味和苦涩；水温过低则会让红茶浮而不沉，内含物质无法浸泡出来，茶汤滋味寡淡。一般来说，冲泡红茶的水温以刚落开的沸水静待片刻，控制在85 ℃左右为佳。同时，冲泡红茶的水温还与红茶的品种、条索、老嫩、松紧有关。茶叶越粗大、越紧实，出汤效果就越慢，需要相对较高的水温；反之，茶叶越稚嫩、越松散，出汤效果就越快，水温可稍低。

乌龙茶是半发酵茶，香气丰富高扬，味浓中带着鲜爽。乌龙茶的制作工艺复杂，包括采摘、日光萎凋、室内静置萎凋与搅拌、做青等环节。采摘讲究茶菁的成熟度，一般标准是形成蛀芽的“小开面”“中开面”“大开面”。晒青和做青是乌龙茶加工工艺中非常重要的环节，对加工的时间和环境温度、湿度、阳光辐射强度都有严格要求。因此，乌龙茶的冲泡水温一般较高，95 ℃以上的沸水有利于香气的挥发，能更好地体现乌龙茶的独特风味。

2. 茶叶老嫩对泡茶的影响

一般来说，茶叶越老，越需要更高的水温，茶叶越嫩水温则需要越低。这是因为老茶叶的细胞壁较厚，茶叶中的有效成分不易析出，需要较高的水温来促进其溶解和释放。而嫩茶叶的细胞壁较薄，茶叶中的有效成分容易析出，水温过高容易破坏茶叶中的维生素等成分，影响茶汤的口感和品质。

例如，对于粗老的茶叶，如黑茶中的六堡茶、茯砖茶等，以及白茶中的寿眉等，可以用较高的水温冲泡，甚至可以用100 ℃的沸水来唤醒茶叶的内含物质，使其滋味更加甘甜醇厚。而对于嫩茶叶，如绿茶、黄茶、白毫银针等高等级名优红茶等，水温应控制在较低的范围内，一般在80 ℃左右，以保持茶汤的鲜爽口感。

3. 茶叶形态与泡茶的关系

叶片松散或碎茶浸出快，可用温度稍低的水冲泡；条索紧实的则相对需要温度较高的水冲泡。这是因为叶片松散或碎茶的表面积较大，与水的接触面积也较大，茶叶中的有效成分容易析出，所以可以用稍低的水温冲泡，以避免茶汤过于浓烈。而条索紧实的茶叶，表面积相对较小，与水的接触面积也较小，茶叶中的有效成分不易析出，需要较高的水温来促进其溶解和释放。

例如，卷曲形的绿茶析出内物质速度会比针形、扁平形的绿茶来得快，所以卷曲形的绿茶可以用稍低的水温冲泡，而针形、扁平形的绿茶则需要相对较高的水温。此外，茶叶的形态还会影响茶叶的冲泡时间。形状松散的、碎形的茶叶比紧结的球形半球形茶冲泡时间要短，因为松散或碎茶的有效成分容易析出，冲泡时间过长容易使茶汤过于浓烈。而紧结的球形、半球形茶需要相对较长的冲泡时间，才能使茶叶中的有效成分充分溶解和释放。

五、茶水分离的科学原理与实践

1. 茶水分离的原理

茶水分离杯作为实现茶水分离的重要工具，其结构设计原理基于物理隔离和过滤技术。通常由两层杯子组成，内层杯子有许多小孔，可放置茶叶，外层杯子用于储藏茶汤。当茶水倒入内层杯子时，茶叶被阻挡在小孔上方，而茶水则通过小孔流入外层杯子，从而实现茶汤和茶叶的分离。

茶水分离杯的设计能够带来显著的分离效果。一方面，它可以有效避免茶叶在茶水中长时间浸泡，防止茶汤过浓、口感苦涩，使茶汤更加清澈、口感纯净。另一方面，这种设计方便了使用者，无需担心茶叶在茶水中漂浮，同时也便于清洗和保养茶具。

2. 茶水分离泡茶的科学原理

茶叶的香气成分复杂多样，由茶叶中的挥发性成分和香气物质组成。这些成分在茶叶细胞内以分子形式存在，当茶叶与水接触时，水分子进入茶叶细胞，将香气分子携带出来，使茶水具有浓郁的香气。

茶叶在水中浸泡时会逐渐膨胀，膨胀后的茶叶细胞内部压力减小，水分子更容易从茶叶细胞内逸出。这些逸出的水分子携带茶叶的香气分子，进一步增强了茶水的香气。

茶水分离杯能够有效控制茶叶与水的接触时间，避免茶叶长时间浸泡在水中。这样可以使茶叶的香气得以充分释放，同时又能防止茶汤过浓，保持茶汤清爽的口感。

3. 茶水分离泡茶的实践方法

第一，选择合适的茶叶。茶水分离杯适合泡制各种茶叶，如绿茶、红茶、乌龙茶等。可根据个人口味选择。绿茶口感清新，适合喜欢清淡口味的人；红茶色泽艳丽，口感醇甜可口；乌龙茶香气丰富高扬，味浓中带着鲜爽。

第二，控制水温。不同的茶叶需要不同的水温。一般来说，绿茶适合用

80 ℃左右的水泡，这样可以避免高温破坏绿茶中的维生素等成分，同时保持绿茶的鲜爽口感；红茶适合用 90 ℃左右的水泡，水温过高会破坏红茶中的维生素 C 等成分，加速酚类物质析出，使茶味出现酸味和苦涩，水温过低则会让红茶浮而不沉，内含物质无法浸泡出来；乌龙茶适合用 95 ℃左右的水泡，高温有利于香气的挥发，能更好地体现乌龙茶的独特风味。

第三，控制好泡茶时间。用茶水分离杯泡茶时，泡茶时间不宜过长。一般控制在 1~3 分钟即可。例如，绿茶一般建议泡茶时间为 2~3 分钟，红茶的泡茶时间一般为 3~5 分钟，乌龙茶的泡茶时间一般为 3~5 分钟。

第四，要适当控制茶叶与茶水的比例。一般而言，绿茶、红茶的比例为 1∶50 左右，乌龙茶的比例为 1∶30 左右。这样可以保证茶汤的浓度适中，口感良好。

4. 达到茶水分离泡茶效果的方法

第一，选择高品质茶叶。优质的茶叶是泡好茶的基础，高品质的茶叶口感清爽，香气浓郁，能够提升茶汤的品质。

第二，合理控制水温。根据茶叶品种和个人口味，合理控制水温。过高或过低的水温都会影响茶叶的口感和香气。

第三，控制泡茶时间。泡茶时间不宜过长，以免茶汤过浓。应根据茶叶品种和个人口味，适当调整泡茶时间。

第四，保持茶叶与茶水的分离。使用茶水分离杯时，要确保茶叶与茶水分离，避免茶叶在水中浸泡时间过长。

第五，定期清洗茶具。茶具的清洁对泡茶效果有很大影响。定期清洗茶具，保持茶具的清洁卫生，有利于提升泡茶品质。

第五节　六大类茶的冲泡方法

一、绿茶的冲泡方法

（一）上投法

上投法适用于茶叶细嫩的绿茶，如碧螺春、信阳毛尖等。先在杯中注入七分满 85 ℃左右的水，嫩度越好的绿茶所要求的水温越低。这样可以避免嫩芽尖被烫伤，让茶叶与水缓缓接触，浸润速度慢而温和。当茶叶投入水中后会自行慢慢下沉，逐渐释放内含物质，表面上附着的茶毫也缓慢地在水中散开，可欣赏茶叶翩翩起舞的姿态，泡出来的茶汤口感鲜活，茶汤也不会因为茶毫过多而显得浑浊。

上投法冲泡方法是先向杯中注入七分满的沸水，等待数秒，水温降至85 ℃以下时进行投茶，等茶叶几乎都沉到水面以下后，轻轻转动杯子，使杯中茶汤均匀，稍后即可品饮。

（二）中投法

中投法适合细嫩且高香的绿茶，如西湖龙井。先将沸水注入杯中约 1/3 处，待水温凉至 90 ℃左右时（等待数秒即可），将茶叶投入杯中，稍稍转动杯子让茶叶浸润，再加入 80~90 ℃的水，慢慢添至七分满，稍后即可品饮。扁平型的龙井茶略有不同，使用浸润泡的方法更易泡出色香味俱全的茶汤。先将适量茶叶投入茶杯，倒入少许 90~95 ℃的水，稍浸泡后摇一摇，让水与茶充分接触散发香气，此时适宜品香，再用 85~90 ℃的水高冲至七分满，稍等即可品茶。

中投法一方面可以避免水温过高伤茶，影响香气与口感；另一方面，又能让茶与水充分融合，充分释放茶叶的味道。中投法对茶类要求不高，一般绿茶都可用这种冲泡方法。

（三）下投法

下投法适用于茶叶成熟、外形松散的绿茶，如太平猴魁和六安瓜片。先放茶后加水，水温一般在 75~85 ℃之间，不能太烫以免烫坏茶叶。下投法能让茶与水接触更快，避免水降温过快的弊端，冬季尤其适用。下投法还适用于杯、盖碗、茶壶等器具泡茶。

下投法的冲泡方法是将茶叶投入杯中，加入 80~90 ℃的水至七分满，稍后即可品饮。

二、黄茶的冲泡方法

（一）茶具选择

黄茶的冲泡可以选择玻璃杯或盖碗，尤以玻璃杯泡君山银针为最佳。用玻璃杯冲泡君山银针时，可以一边冲泡一边欣赏茶叶在水中的景观，其“三起三落”的奇观尤为好看。盖碗冲泡黄茶的味道也很不错。

（二）水温及茶水比

黄茶的冲泡水温以摄氏 85 ℃为宜，茶水比为 1∶25。由于黄茶的采摘较嫩，水温太高会把茶烫熟，同时，1∶25 的茶水比能让冲泡出的茶汤口感更佳。

（三）冲泡要点

黄茶的冲泡要点在于注意出汤时间。第一泡建议 30 秒，此时茶汤口感清新，带有淡淡的黄茶香气；第二泡 60 秒，茶叶进一步舒展，茶汤的味道更加浓郁，香气也更加醇厚；第三泡 2 分钟，经过长时间的浸泡，黄茶的独特韵味得以充分释放，可欣赏到妙趣奇观。

黄茶的冲泡方法与绿茶有相似之处，同时又有其独特之处。在冲泡过程中，可以根据个人口感和饮茶习惯进行适当调整。现在市面上黄茶不常见，能喝到正宗的黄茶实属难得，大家可以尝试用正确的方法冲泡黄茶，感受其独特的魅力。

三、白茶的冲泡方法

白茶是中国六大茶类之一，以其独特的风味和丰富的营养价值备受茶友们的喜爱。不同的白茶品种和年份适合不同的冲泡方法，下面介绍白茶的几种常见冲泡方法。

（一）盖碗冲泡法

盖碗冲泡法适合白毫银针、白牡丹、新白茶。茶水比为 1∶20，水温

85~90 ℃最佳。盖碗冲泡首先应温杯洁具，用热水将盖碗冲洗一遍，去除异味，同时提高盖碗的温度，为后续泡茶做好准备。其次按照 1∶20 的茶水比，将适量的白茶投入盖碗中。接着用热水沿着盖碗的边缘缓慢注入，避免直接冲击茶叶，以免破坏茶叶的形态和口感。注水后，等待 10 秒，让茶叶充分吸收水分，然后快速将茶汤倒出。这样可以避免茶叶长时间浸泡在水中，导致茶汤过浓。从第二泡开始，每泡的冲泡时间依次增加 5 秒，一般可冲泡十次左右。这样可以逐渐释放茶叶的滋味，同时也能保证茶汤的口感稳定。

（二）玻璃杯冲泡法

玻璃杯冲泡法同样适合白毫银针、白牡丹、新白茶。茶水比 1∶50，水温 90 ℃左右。玻璃杯冲泡法首先应温杯洁具，用热水将玻璃杯冲洗一遍，去除异味，同时提高玻璃杯的温度。其次，按照 1∶50 的茶水比，将适量的白茶投入玻璃杯中。然后，用环壁注水的方式向玻璃杯内注入热水，让热水均匀地流过茶叶，使茶叶充分浸泡。最后，静置一分钟，让茶叶充分释放滋味，然后即可品尝茶汤。

（三）小壶冲泡法

小壶冲泡法适合白茶饼、老白茶、寿眉。茶水比 1∶20，水温 85~100 ℃。小壶冲泡法首先应温盏烫壶，用热水将小壶冲洗一遍，提高壶的温度，为后续泡茶做好准备。其次，将适量的白茶投入小壶中，轻轻摇晃小壶，让茶叶的香气散发出来，然后闻香，感受白茶的香气。接着，用少量的热水将茶叶湿润，然后倒掉，这个过程称为润茶醒茶，可以去除茶叶表面的杂质，同时唤醒茶叶的活性。再次，用热水沿着小壶的边缘缓慢注入，避免直接冲击茶叶。最后，注水后，快速将茶汤倒出，避免茶叶长时间浸泡在水中。

（四）煮泡法

煮泡法适合陈年老白茶、老寿眉茶饼。有隔水煮法、冷水投茶法、热水投茶法、先泡后煮法四种煮法。

隔水煮法为福鼎民间古老的传统煮食方法，先将茶和水按比例（建议茶水比为 1∶150）放入壶中，烧一大锅水，然后将壶再置于大锅内，盖上锅盖熬煮，就像隔水炖煮燕窝一样。这样熬煮老白茶最容易出药香味，口感也更佳。

冷水投茶法是指取干茶5~10克，饼茶可适当减量，先投茶于壶中，加入500~1500毫升冷水，然后用大火烧开，改小火慢炖，2~3分钟后即可饮用。热水投茶法是将水烧至85 ℃左右时，投入干茶，水开后改文火慢炖，3分钟后可饮用。先泡后煮法是指先用盖碗冲泡五六道后，将叶底转入煮茶器中继续煮。

四、乌龙茶的冲泡方法

（一）茶具及茶叶用量

乌龙茶既可以用玻璃杯冲泡，也可以用茶壶。一般来说，每杯水用2克至3克的茶叶较为适宜。若茶叶是紧结半球型乌龙，茶叶可占到茶壶容积的1/3~1/4；若茶叶较松散，则需占到壶的一半。

（二）水温控制

乌龙茶的冲泡对水温要求较高，需要用沸水来冲泡。可选择铁壶和陶瓷壶煮水以保持水温，泡茶之前一定要温杯。因为乌龙茶包含某些特殊的芳香物质需要在高温的条件下才能完全发挥出来。

（三）冲泡时间及注意事项

浸泡时间视茶的品种和个人口味而定，一般在2分钟至5分钟之间。比如闽南和台湾的乌龙茶冲泡时浸泡的时间第一泡一般是45秒左右，再次冲泡是60秒左右，之后每次冲泡时间往后稍加数10秒即可。闽北和潮州的乌龙茶开汤时间则要快得多，第一泡15秒就可以了。冲泡乌龙茶时不要时间过长，大红袍前几泡可以10秒钟就要出水。

冲泡乌龙茶有一些要点需要掌握。首先，茶叶的投茶量一般要比绿茶或红茶多一些，很多福建和广东潮汕地区的老茶友，120毫升的小盖碗投茶量基本在8~12克，小包装的乌龙茶一般在十克左右，最少也得7克，这样能保证茶叶的滋味。

其次，注水的水温一定要用100 ℃的开水，水温太低无法激发乌龙茶的香气。

再次，不能闷泡时间太长，尤其是前几泡，要沸水高冲，冲完后出汤速度一定要快，做到快水快冲，这样香气会更好。

最后，喝完乌龙茶后要注意口腔卫生。一般来说，每天饮用2~3 杯（约250~350 毫升）的乌龙茶是较为合适的。但对于一些特殊人群，如孕妇、哺乳期妇女、儿童、老年人等，以及有某些疾病的患者，在饮用乌龙茶时需要特别注意，建议在医生的指导下进行饮用。此外，乌龙茶中含有咖啡因和茶多酚等成分，过量饮用可能会对身体造成一定的影响，如失眠、心悸、肠胃不适等。因此，建议适量饮用乌龙茶，避免过量饮用。

五、黑茶的冲泡方法

（一）茶具选择

黑茶作为一种独具特色的茶类，其冲泡茶具的选择至关重要。冲泡安化黑茶宜选择粗犷、大气、可过滤茶汤的茶具，一般来说，厚壁紫砂壶和陶壶是不错的选择。这两种茶具能够更好地保持黑茶的温度，使茶叶在冲泡过程中充分舒展，释放出浓郁的香气和醇厚的口感。同时，公道杯和品茗杯则以透明玻璃器皿为佳，这样可以清晰地观赏到黑茶的汤色，感受其色泽的变化。

（二）用水及水温

泡茶用水对于黑茶的口感起着关键作用。一般以泉水、井水、矿泉水、纯净水为佳，这些水质较为纯净，能更好地凸显黑茶的本味。水温方面，黑茶需要高温冲泡，一般用100 ℃沸水冲泡效果最佳。高温能够迅速激发黑茶中的香气成分，使茶汤更加浓郁。此外，也可用沸水润茶后，再用冷水煮沸，这样泡出的黑茶滋味更佳，既有沸水冲泡带来的浓郁香气，又有冷水煮沸后的独特风味。

（三）茶水比例及冲泡方法

不同类型的黑茶茶水比例有所不同。高档砖茶及三尖茶茶水比为 1∶30 左右，粗老砖茶为 1∶20 左右。新茶一般选用飘逸杯、盖碗，解茶时尽量让茶成块状或坨状，这样可以更好地展现黑茶紧压茶的面茶和里茶的不同选料及陈化程度，从而完整地品味到黑茶的丰富口感。投茶量要适当，一般根据个人口味调整，浸泡时间也需根据茶的品质和个人喜好进行灵活掌握。如果喜欢浓郁的口感，可以适当增加投茶量或延长浸泡时间；反之，则可减少投茶量或缩短浸泡时间。

（四）黑砖茶的泡法

撬茶是泡好黑砖茶的第一步。要找到茶砖纹理，顺纹理撬取，这样可以避免弄碎茶叶，保持茶叶的完整性。选器方面，新茶和散茶首选盖碗，老茶和紧压茶宜选用紫砂壶。在冲茶之前，一定要用开水把所有泡茶器具清洗一遍，这有利于茶汤的滋味和香气散发，但不宜用头泡茶水洁杯净具。投茶量方面，盖碗以 8 克为宜，紧压茶可适量增加 1 克，年份 7 年以上，可以适量增加 2 克。润茶时可以注水时快进快出，主要是去掉表面的杂质与灰尘，对于过于细碎的茶叶，建议将茶叶装入专用茶包袋后再进行冲泡。冲水时可沿杯壁低斟回旋，不对冲茶叶，也可以定点的温柔注水。出汤时，新茶多透少闷，老茶多闷少透；散茶要及时出汤，紧压茶前两泡（不包括洗茶）可闷泡 5 秒左右出汤，后面则根据泡开程度，灵活掌握。

六、红茶的冲泡方法

（一）选择适合的红茶

红茶种类丰富，不同品种的口感各异。祁门红茶、正山小种口感浓郁，适合加牛奶和糖，增添醇厚的口感和香甜的味道；金骏眉、碧螺春口感清新，单独饮用更能品味其细腻的茶香和清爽的滋味。

（二）泡茶的水温和水质

红茶最适合用 80~90 ℃的热水冲泡，这个温度区间既能充分激发红茶的香气和滋味，又能避免过高温度破坏茶叶中的营养成分。如果温度过低，茶叶的香味和味道无法完全释放；如果温度过高，则会破坏茶叶中的茶多酚等有益成分，导致口感苦涩，同时也会影响身体健康。另外，红茶也有冷泡的方式，但相对于热泡来说，冷泡需要更长的时间，茶味也会稍微淡一些，所以视个人口感而定。水质最好是软水或者蒸馏水，自来水需过滤，以去除其中的杂质和异味，保证红茶的纯正口感。

（三）冲泡器具

一般使用瓷器或者玻璃器具冲泡红茶，这两种材质的器具能够更好地展现红茶的色泽和香气。避免使用不锈钢或塑料器具太长时间，因为它们可能会影响红茶的口感和品质。

（四）不同的冲泡方法

红茶的冲泡具有不同的方法，下面介绍观赏式泡法、家庭式泡法和懒人式泡法三种冲泡方法。

1. 观赏式泡法

观赏式泡法步骤复杂，适合展示和品味。首先是备具，将壶、公道杯、品茗杯、闻香杯放在茶盘上，茶道、茶样罐放在茶盘左侧，烧水壶放在茶盘右侧。其次是赏茶，打开茶样罐，让来客欣赏茶叶的色和形。接着烫杯热罐，将开水倒入水壶中，然后将水倒入公道杯，接着倒入品茗杯中。再次是投茶，按1∶50的比例把茶放入壶中。最后是洗茶，右手提壶加水，用左手拿盖刮去泡沫，左手将盖盖好，将茶水倒入闻香杯中。

第一泡：将开水加入壶中，泡一分钟，趁机洗杯，将水倒掉，右手拿壶将茶水倒入公道杯中，再从公道杯斟入闻香杯，只斟七分满。鲤鱼跳龙门即用右手将品茗杯反过来盖在闻香杯上，右手大拇指放在品茗杯杯底上，食指放在闻香杯杯底，翻转一圈。游山玩水即左手扶住品茗杯杯底，右手将闻香杯从品茗杯中提起，并沿杯口转一圈。喜闻幽香即将闻香杯放在左手掌，杯口朝下，旋转90度，杯口对着自己，用大拇指捂着杯口，放在鼻子下方，细闻幽香。品啜甘茗即三个口是一个品，要做三口喝，仔细品尝，探知茶中甘味。第二泡、第三泡：操作同上。

2. 家庭式泡法

家庭式泡法注重细节，能泡出红茶原有风味。首先是温壶，用沸水将茶叶及茶杯温热，冷的茶壶无法泡出红茶的原有风味。烧开水不要用铁制的水壶。其次是倒入适量的茶叶，基本上是一茶匙茶叶泡一杯红茶的比例。再次是冲泡，冲泡红茶的水要用沸腾的水，越热越好。放冷后再加热的水无法冲出好味道。最后是盖上壶盖，若冲泡的是碎茶叶，加入热水后，将滤茶网及茶叶拿开，再盖上壶盖，因为碎红茶易于冲泡，泡太久会苦涩，越是细长的茶叶，浸泡时间可以加长。

3. 懒人式泡法

懒人式泡法简单便捷，适合日常饮用。首先，将适量红茶投入杯中。接着加入热水即可饮用。

红茶是具有养胃，调理身体机能功能的好茶。在一年的任何季节里都可以饮用。尤其对于上了年纪的人们，喝红茶能很好地帮助其养胃护胃，健康身心。如果对茶叶的口感和品质要求不是很高，懒人式方法值得每个人拥有。

第六节　其他泡茶法

一、小众泡茶法

1. 虹吸壶泡法

虹吸壶泡法与煮茶法有相似之处，都是利用不断加温使茶叶溶出更快，茶汤更饱和。但两者也存在明显区别，虹吸壶加热时，底层玻璃壶会不断地往上壶通入蒸汽，使茶汤沸腾翻滚；而煮茶法则是对壶内的茶汤直接加热，进而使茶汤保持接近沸腾的状态。

这种泡茶法的重点在于控制水和茶叶的比例、加热的时间以及火候的大小。通过虹吸壶泡出的茶汤香气浓郁、滋味浓酽，通常用来冲泡普洱茶、红茶以及乌龙茶等。

2. 冰滴壶泡法

冰滴壶泡法即使用冰水、冷水或者冰块萃取茶，整个过程十分缓慢，需要数小时之久。这一过程虽费时，但如同制作一件美丽的艺术品。

首先将冰滴壶装备好，确保干净且玻璃过滤器放置正确。接着准备适合冷泡的茶叶，如绿茶、白茶、乌龙茶等，根据个人口味决定茶叶量。在冰滴壶的水箱中加入适量的冰块和冷水，冰块将渐渐融化，以滴速调节冷泡的时间长度。然后将准备好的茶叶放入玻璃过滤器中，可根据个人口味和茶叶特性决定放茶叶的量。打开开关，让冷水从上方滴过茶叶，慢慢滴落的冷水会逐渐冷泡茶叶，释放出茶的香气和味道。可以根据个人喜好和茶叶种类调整冷滴的速度，较快的滴速会得到较浓郁的茶，较慢的滴速则会得到更柔和的茶。根据茶叶的种类和个人口味，等待适当的时间完成冷泡，一般在30分钟到数小时之间。当冷泡时间到达后，将冷泡的茶倒入杯中，即可享用清新冷饮的冷泡茶。若觉得茶味道淡，还可以加点糖，别有一番滋味。此泡法多用来冲泡冻顶乌龙和英红九号等浓郁醇厚的茶品。

3. 滴泡法

咖啡与茶叶在滴泡法中有不同之处。咖啡粉颗粒间空隙很小，接触到热水后会迅速膨胀，延迟水流通过滤网的时间。而茶叶间空隙较大，水流通过速度相当快，很容易造成茶汤滋味淡薄。所以使用滴泡法泡茶，重点在于控制注水的流量，尽可能用细水柱均匀淋到茶叶表面。滴泡法冲泡的茶汤杂味较少，通常用来冲泡芽叶较细的茶叶。

4. 抹茶泡法

抹茶源于中国，兴盛于日本。抹茶是茶叶和茶汤一同饮用，在日本通常使用蒸青绿茶粉，而国内在茶叶选择上范围更加广泛，绿茶、白茶及黄茶均可采用抹茶法冲泡。

抹茶制作工艺复杂。原料绿茶小茶片的采摘处理要覆盖和蒸青，使其香气特殊，色泽翠绿，味道鲜美。研磨抹茶要经过切茶、筛分、风选、粉碎、分筛、金探，和抹茶等工序。其颜色鲜绿明亮、颗粒柔软、细腻均匀、海苔香显著，富含多种抗氧化成分，具有营养和保健价值。饮用抹茶通常按茶道方式，“浓茶”用4克抹茶，加60毫升开水，有点像浆糊状。“薄茶”用2克抹茶，加60毫升开水。可以用茶筅刷出浓厚的泡沫，爽口好喝。

5. 碗泡法

碗泡法是当下流行的小众泡茶法。即将茶叶置于茶碗中直接注入热水浸泡，待茶汤达到合适浓度后用勺子分到茶杯中饮用。

碗泡法技术含量高，对茶叶比例、水温、注水手法等要求严格。无论是茶叶与水的比例、水温、注水手法、浸泡时间、循环冲泡的时机等均有很高的要求，且这些冲泡要点还会因不同茶叶的特性而变化，要求冲泡者对所冲泡茶叶的茶性极其了解才能冲泡出一杯高质量的茶汤。采用碗泡法泡茶，不仅能展示高超的泡茶技巧，也能欣赏茶叶在碗中的舒展，轻松自在，趣味性十足。

二、冷泡茶

1. 冷泡茶定义与优点

冷泡茶就是用凉白开或矿泉水（或纯净水）甚至冰水冲泡茶叶。2001 年，联合利华开发出冷水冲泡型茶加工技术，冷泡茶投放市场后取得了不错的销售额。2015 年，小茗同学冷泡茶火遍瓶装饮料市场，让冷泡茶这一品类获得了广泛关注。2024 年，贵州加快发展“冷泡茶”产业，推动“黔茶出山”。

冷泡茶具有诸多优点。首先，冷泡茶口感甘甜。在低温冲泡下，茶叶中的苦涩味物质溶出减少，而鲜味物质增加，使得茶汤更加清甜。其次，冷泡茶方便快捷。上班族、开车族、户外族，只要有一瓶矿泉水，随时随地都能喝上冷泡茶。再者，冷泡茶健康营养。和热水冲茶相比，冷水低温长时间浸泡，茶叶中的儿茶素、茶多酚等营养成分可有效溶出，而咖啡因、磷的析出量反而降低，减轻了胃壁负担。同时，冷泡茶有助于控制血糖，因为茶叶中的多糖类物质在冷泡时能更好地发挥作用。此外，冷泡茶的包装精美，如现已上市 的一些品牌冷泡茶采用透明敞口玻璃瓶装上原叶茶，颜高形美，还可二次利用。而且冷泡茶不甜不腻，口感清爽，更受男士喜爱，容易与消费者制造“情感羁绊”。

2. 冷泡茶品选择

并不是所有茶叶都适合冷泡，一般推荐发酵程度较低的茶类，如绿茶、白茶、乌龙茶。

绿茶是不发酵茶，用冷水冲泡，茶汤中的茶多酚、咖啡碱溶出率比热水泡茶要低，氨基酸、黄酮和多糖类物质的溶出率比热水泡茶高得多。血压高、有糖尿病的中老年人喝冷泡绿茶可以有效减少咖啡碱等物质的摄入，增加有益物质的摄入量。同时，冷泡绿茶的茶汤清澈透亮，滋味清爽，香气清新怡人，不受热泡法最佳饮用时间的限制，汤色更绿，滋味更为鲜爽。

白茶为微发酵茶，其中白毫银针和白牡丹（散）适合冷泡。冷泡白茶能有效保留茶叶中的营养成分，口感柔和，不苦不涩，随着浸泡时间的延长，茶叶香味会逐步变得浓郁。

乌龙茶为半发酵茶，其中轻发酵的品种如清香型铁观音、包种茶等适合冷泡。冷泡乌龙茶茶汤变得更加甘甜和暖香，口感独特。

3. 冷泡茶冲泡方式

冷泡茶有两种主要的冲泡方式。

一种是矿泉水或凉白开冲泡边喝边浸泡。首先将茶叶倒入水瓶内（条件允许可将茶叶投放进茶包袋，再放入水瓶内），茶叶量根据喜好添加，一般建议15克。其次轻微摇晃瓶身，之后放进冰箱冷藏4~5小时即可。这种方式适合户外活动的人，上午泡好下午就能喝，家庭也适用，换成家用大号玻璃壶即可。

另一种是冰水冲泡后放入冰箱等待。首先将冰块放入杯中，再将茶叶放置在冰块之间，等到冰块融化后，即可品饮。这种方式耗时较长，不太适合户外携带，但美观有趣，可作为家庭会友的首选。

三、特调冷泡茶

1. 特调冷泡茶介绍

特调冷泡茶以其独特的凉水浸泡方式受到现代人们的喜爱。它能够萃取出茶的鲜甜，去除茶叶的苦涩，获得的茶汤甘甜清爽，闻起来有淡淡的清香，喝起来凉凉的，味道清爽略带回甘。

2. 冷泡茶口味与品质

特调冷泡茶一般有五种口味，分别是蜜桃乌龙、桂花乌龙、茉莉花茶、玫瑰雪梨煎茶、洛神紫桑饮。每款茶叶原料都甄选自不同产区，经过人工摘选，剔除余叶、茶梗等，由有40年经验的老茶农全程把控品质。配料中的玫瑰、桑葚、玫瑰茄等也全来自特定产区。

蜜桃乌龙茶将蜜桃经20小时热风烘干温润脱水，搭配秋采的乌龙茶，达到香气及营养的均衡。凉水注入杯中，白桃香味瞬间侵袭鼻腔，桃子和乌龙的味道缠绕在舌尖，回味无穷。

桂花乌龙茶将八月采摘的新鲜金桂，与乌龙茶以黄金比例混合经历5次窨制。乌龙茶清冽醇厚，金桂浓香滋补，清香扑鼻、入口绵长。

洛神紫桑饮用桑葚果子搭配玫瑰香气，紫红的汤色晶莹透亮，味道酸甜，有果味的酸香以及冰糖的甘甜。

玫瑰雪梨煎茶是带有淡淡海苔味的日式煎茶，加入玫瑰进行熏制、兰花打底，茶香吸附花香，香气深刻迷人。

茉莉花茶将茉莉和明前绿茶经过人工挑拣，1克茶充分吸收60朵鲜花的芳香，花香馥郁，入口微甜，清透的味道击穿闷热。

3. 冷泡茶 DIY 方法

冷泡茶可以随心动手 DIY，增添颜值和口感。在玫瑰雪梨煎茶中加入几片雪梨片和玫瑰花，与茶包一同泡进冷泡杯，既好看又好喝。用蜂蜜水代替普通水萃取茉莉花茶茶包，多了一丝甜蜜，好喝到爆炸。

在桂花乌龙中加入一点金桂一起浸泡，有禅意的美感。

4. 冷泡茶饮用方便

冷泡茶对饮用条件要求低，随时随地都能喝。出门在外，只需一瓶矿泉水，将茶包放入其中，摇一摇，10 秒完成一杯好茶。经常打卡健身房的小伙伴也非常适合，无香精色素、0 脂肪摄入。对于办公室人群，还可加冰块，在无聊会议或枯燥困乏时饮用。在家中，可以把茶包埋在冰堆里，冰块融化后，茶的滋味融在冰水中，越发清香回甘。

四、其他泡茶方式

1. 煮茶法

在我国唐代以前，煮茶法极为盛行。其过程主要包括以下几个步骤：首先是研碎饼茶，将饼茶敲碎或用茶磨碾成末状，以便在煮茶时能更好地释放茶叶的风味。接着是煮水，以山水为上选，江水次之，井水再次之，用“鍑”这样的锅来煮水。当水开始出现鱼眼般的气泡，微微有声时，为第一沸；边缘像泉涌连珠时，为第二沸；到了似波浪般翻滚奔腾时，为第三沸，此时水汽全消，谓之老汤，已不宜煎煮茶用了。然后在水至第二沸时，加入适量茶末，同时用茶箸在锅中围绕搅动，使沸滚均匀，当出现漩涡时，从漩涡中心投下茶末，再用茶箸轻缓搅动。随后，当茶汤出现“势若奔腾溅沫”时，将先前舀出的一瓢水倒进去，使锅内降温，停止沸腾，以孕育“沫饽”，也就是汤花。最后，把锅从火上拿下来，放在“交床”上，均匀地将茶汤舀入各人碗中，包含雨露均施，同分甘苦之意。

2. 点茶法

宋代斗茶所用的点茶法极为讲究。首先将饼茶碾碎，置碗中待用。以釜烧水，微沸初漾时即冲点碗。但茶末与水亦同样需要交融一体，于是发明了一种工具叫“茶筅”。水冲放茶碗中，需以茶筅拼命用力打击，这时水乳交融，渐起沫饽，潘潘然如堆云积雪。茶的优劣，以饽沫出现是否快，水纹露出是否慢来评定。沫饽洁白，水脚晚露而不散者为上。具体来说，第一汤沿着盏壁而入，轻轻搅动盏中茶膏，茶筅循序渐进过程中稍微施力；第二汤从茶面注水，从缓到急，用力击拂，直至细泡从茶面升起；第三汤多注水，遵循轻巧、匀速的原则进行击拂；第四汤少注水，慢速击拂。第五汤运筅速度稍放快，搅动要透彻；第六汤如果这个时候茶沫勃然而生，只要缓慢搅拌就行；第七汤茶汤稀稠调制适中，分出轻清重浊，无需继续击拂。

3. 盖碗泡茶的禁忌与五种方式

盖碗泡茶有一些禁忌需要注意，坐杯时不要搅或挤压茶叶，否则会人为破坏茶叶里面内含物质的释出，影响喝茶时的口感。盖碗泡茶有五种方式。

定点低斟。把碗口视为钟表，于 6 点处定点（无茶叶的地方）注水，细流慢冲。这样能使茶的内质释放舒缓、协调，呈现汤感的润度、滑度、细腻度，更好地体现茶汤的韵味。如果冲泡块型茶，每次注水定点于块型茶上，以便紧结的块型茶舒展，呈现茶汤的饱满度。此方式适合紧压茶的润茶，以及冲泡普洱茶（生、熟）、黑茶等。

定点高冲。同样于碗口的 6 点处定点注水，但采用水流高冲的方式，使茶叶上下翻滚，利于茶叶舒展和茶的内质快速释放，激发茶香，使香气高扬，释放茶性，增加茶汤的饱满度、丰富度。不过要避免直接击打茶叶。该方式适用于高香型的茶，例如单丛、芽型的红茶、球形乌龙茶等。

定点旋冲。于碗口的 7 点 30 分处定点，煮水器壶口内斜与杯壁呈 45° 角注水，借力发力，让水呈涡流般旋转，带动条索型茶叶有秩序地排序和均匀地释放内质，使角度和力度完美结合，呈现汤感的协调性、层次感、饱满度。适用于条索型的乌龙茶、红茶（叶形）等，能让条形的茶在水流的作用下整理得更有秩序。

定点熏蒸。采用细水流缓缓注水，使茶叶浮在水面缓缓上升，让茶叶通过水的热气浸润慢慢苏醒过来，从而呈现茶汤的甘润，提升滋味的鲜灵度。此方式适合级别高品质特征明显的条形茶，比如年轻的白牡丹、白毫银针，还有多种条形的绿茶等。

覆盖式。以 N 字形水流覆盖式注水，使茶叶不漂浮在水面，全部得以浸润，以实现茶汤的协调感和饱满度。适合叶型较大且轻的茶叶，比如老白茶寿眉及牡丹、紧实的块型茶等。

第七节　茶艺比赛

茶艺比赛作为展示职业技能和弘扬茶文化的重要平台，具有多方面的积极意义。

通过比赛可以促进茶艺技能的交流与提升，为茶产业的高质量发展选拔和储备优秀人才。在茶艺比赛中，选手们不仅要展示自己的茶艺技巧，还要在创新茶艺、茶汤质量等方面进行比拼。例如，首届世界职业院校技能大赛中华茶艺赛项，六国选手参赛，经过激烈的角逐，产生优胜奖三名、纪念奖两名。在比赛过程中，选手们相互学习、借鉴，不断提升自己的茶艺水平。同时，比赛也为茶产业选拔了一批优秀的茶艺人才，他们将成为推动茶产业高质量发展的重要力量。

此外，茶艺比赛还有助于推广茶艺技能，弘扬工匠精神，加快培养具有“工匠精神”的技术、技艺、技能人才。

一、茶艺比赛的规则

（一）竞赛内容

1. 指定茶艺竞技

从团队选手中随机抽取选手分别参与绿茶、红茶、乌龙茶指定茶艺竞技，统一茶样、器具、主题、音乐和时间，评委从仪容仪表、茶席布置、茶艺演示、茶汤质量、竞赛时间等方面进行评比。

仪容仪表方面，要求选手发型、服饰端庄自然，形象得体高雅，动作、姿态端正，符合礼仪规范。例如，穿无袖服饰会扣分，发型突兀不端正、服饰不端正不协调等也会相应扣分。同时，选手要注意形象自然，具有亲和力，视线集中，神态自然，妆容得体，不留长指甲、不纹身、不抹指甲油。

茶席布置上，器具布置与排列要有序、合理，茶具配套齐全且不冗余，排列整齐，符合茶理。在冲泡茶过程中，席面器具要保持整洁有序，避免摆放不合理和出现混乱情况。

茶艺演示需契合茶理，投茶量适宜，水温、水量、时间把握合理。冲泡程序不能混乱或有遗漏，茶叶处理和取放要规范，避免出现水量、水温选择不适宜以及泡茶时间掌握不当等问题。操作动作要适度、顺畅、优美，过程完整，形神兼备，避免动作不连贯、水洒出来、杯具翻倒和器具碰撞发出声音等情况。奉茶姿态要自然、大方得体，礼貌用语得当，收具规范有序、优雅。

茶汤质量要求汤色明亮，深浅适度，清澈无茶渣，明亮不暗沉。汤香要持久，能表现所泡茶叶品类特征，避免香低不持久、茶汤不纯正有异味和茶品本身具备的香型特征不显等问题。滋味浓淡适度，能突出所泡茶叶的品类特色，避免涩感明显、过浓或过淡以及茶品本身具备的滋味特征表现不够等问题。

竞赛时间不少于 8 分钟，不超过 13 分钟，严格把控时间，避免超时或时间不足影响成绩。

2. 创新茶艺竞技

参赛团队自选茶艺，设定主题、茶席，将讲解、表演、泡茶融入其中，选手自备参赛用品，评委从特色体验展现、茶席布置、茶艺理论知识问答等方面进行评分。

特色体验展现要求整体风采突出，能将讲解、表演、泡茶完美融合，给观众带来独特的体验。茶席布置要精心设计，器具、茶叶、背景音乐、服装、桌布等参赛用品要与主题相契合，体现创新与美感。茶席布置方面，茶具配套合理，排列有序整齐，不违背茶理。冲泡过程中席面器具保持整洁有序，避免不合理摆放和混乱情况。

茶艺理论知识问答环节，选手需对泡茶的技术和泡茶的礼仪、传统文化等方面有深入的了解，能够准确回答评委的问题。

3. 解读茶艺竞技

竞赛团队以“微电影”形式解读中华茶艺，评委匿名评审并给出评分。

微电影要在 10 分钟左右，画面高清晰，声音格式为立体声，视频格式为 rmvb、avi、mp4，视频分辨率不低于 720×576（4∶3）或 1024×576（16∶9）。内容不能包括企业广告性内容，也不得透露学校相关信息。

评委从视频立意、主题、视觉效果、声音效果、时间等几方面综合评比。立意要深刻，主题明确，能准确解读中华茶艺的精深内涵；视觉效果要美观，画面构图合理，色彩搭配协调；声音效果要清晰，音乐与画面配合得当；时间控制在规定范围内。

（二）竞赛方式

本赛项为团体赛，以院校为单位组队参赛，每支参赛队由 4 名选手和不超过 2 名指导教师组成。

各参赛队需严格按照规定组织队伍，确保选手符合参赛资格，不得弄虚作假。报名者必须为校内全日制学生（含毕业生），不限专业。参赛选手经组委会确认后原则上不得变更，以保证比赛的公平性和稳定性。

指定茶艺环节抽签决定竞赛人员和顺序，创新茶艺环节由参赛团队共同合作完成，解读茶艺环节由领队提交 DVD 光盘，组委会组织评委匿名评审。

在指定茶艺环节，选手通过抽签确定参与绿茶、红茶、乌龙茶指定茶艺竞技的人员和顺序。比赛前 5 分钟自行备水、布具（不计入比赛时间内），比赛统一茶样、器具、主题、音乐和时间。比赛服装不统一，建议女选手着浅色旗袍，男选手着深色长袍。

创新茶艺环节，参赛团队 4 名选手共同合作完成自选茶艺，将讲解、表演、泡茶融入其中，创作背景音乐、准备茶具、茶叶、服装、桌布等有关参赛用品需选手赛前自备。

解读茶艺环节，参赛团队以“微电影”形式解读中华茶艺精深，领队在报到当日的领队会议上提交含“微电影”的 DVD 光盘，组委会组织评委交叉匿名评审。

（三）评分标准

1. 礼仪仪表仪容

从发型、服饰、形象、动作等方面进行评分。发型要端庄自然，不突兀不端正。服饰要端庄、得体、协调，避免无袖服饰和有明显广告文字、公司名称、标志的服装。形象要自然、得体、高雅，具有亲和力，表情自然，眼神交流得当。动作要端正得体，包括行礼、坐姿、手势、站立姿、行姿等，避免多余动作和姿态摇摆。

2. 茶席布置

从器具布置、排列、冲泡过程中的席面器具保持等方面进行评分。器具布置与排列要有序、合理，茶具配套齐全且不冗余，排列整齐，符合茶理。冲泡过程中席面器具要保持整洁有序，避免不合理摆放和混乱情况。

3. 茶艺演示

从冲泡程序、操作动作、奉茶姿态、收具规范等方面进行评分。冲泡程序要契合茶理，投茶量适宜，水温、水量、时间把握合理。操作动作要适度、顺畅、优美，过程完整，形神兼备，避免水洒出来、杯具翻倒和器具碰撞发出声音等情况。奉茶姿态要自然、大方得体，礼貌用语得当。收具要规范有序、优雅，避免动作仓促和出现失误。

4. 茶汤质量

从汤色、汤香、滋味、温度等方面进行评分。汤色要明亮，深浅适度，清澈无茶渣，明亮不暗沉。汤香要持久，能表现所泡茶叶品类特征，避免香低不持久、茶汤不纯正有异味和茶品本身具备的香型特征不显等问题。滋味浓淡适度，能突出所泡茶叶的品类特色，避免涩感明显、过浓或过淡以及茶品本具备的滋味特征表现不够等问题。茶汤温度要适宜，避免过高或过低影响口感。

二、茶艺比赛的注意事项

（一）服饰礼仪

茶艺比赛中，服饰礼仪至关重要。服饰能够反映人们的身份、文化水平等多方面特质，应通过形式美的法则来实现。茶艺师的服饰以舒适方便为主，既不能过于职业化，也不能过于休闲。要讲究对称、对比、参差、和谐、比例、多样平衡等服装美法则。在茶艺表演中，服饰应与场景、茶席相协调，给人以舒适、美观的感受，展现出茶艺师的专业素养和对茶文化的尊重。

（二）发型礼仪

作为茶艺师，发型要求严格。应自然、大方、典雅、朴素、整洁、舒适。首先，发型设计要与表演者的脸型相匹配，展现出个人的特色与美感。其次，发型要和当时的场景、茶席协调搭配，营造出和谐统一的氛围。如果多人一起表演，发型要求尽量统一，避免给人造成凌乱感，体现团队的协调性和专业性。

（三）仪表仪态

仪表仪态包括仪表和仪态两方面。仪表是指人的外表，与人的生活情调、文化修养等紧密相连。茶艺师应保持脸部洁净，不化浓妆，洒香水以清新自然为宜，泡茶前不要吃有强烈挥发性气味食物。仪态是指人在行为中的姿势与风度。姿势包括站立、行走、就座、手势及面部表情等，风度是内在气质的外化呈现。茶艺师不一定要长得漂亮或俊俏，魅力源于气质。

（四）出场礼仪

茶艺师上身挺直，目光平视，面带笑意，肩膀放松，手臂按照常规礼仪自然摆放，跨步脚印为一条直线，亦可手执茶器物件出场。向右转弯时，右脚先行，直角拐弯，反之亦然。这样的出场礼仪展现出茶艺师的自信与优雅，为茶艺表演增添光彩。

（五）走姿礼仪

走姿礼仪要求以大关节带动小关节，排除多余的肌肉紧张，以轻柔、大方和优雅为目的。走姿要自然，不能左右摇晃，腰部不能扭动。稳健优美的走姿可以使一个人气度不凡，产生一种动态美，为茶艺表演增添一份优雅与从容。

（六）侍站礼仪

站姿坚持“松、挺、收、提”四字原则。“松”是两肩放松，脸带微笑，平视前方。“挺”是挺胸，不能驼背。“收”是收腹，女士双脚并拢，双手虎口相交（右手放在左手上）自然置于肚脐下方；男士双脚呈外八字微分开，双手交（左手放在右手上）在腹处，双手亦可自然下垂在身体两侧。“提”是提臀，女士大腿夹稳，臀部稍微往上提；男士则可省略此部分。良好的侍站礼仪展现出茶艺师的专业素养和对宾客的尊重。

（七）鞠躬礼仪

鞠躬礼源自中国，指弯曲身体向尊贵者表示敬重之意，代表行礼者的谦恭态度。行礼时，距离对方在两三步之外双脚立正，手背向外，手臂垂直，紧贴腿部，以身体上部向前倾，而后恢复原姿为礼。一般而论，弯腰度数越大，表示越恭敬。鞠躬礼分为站式鞠躬、坐式鞠躬、跪式鞠躬三种。在茶艺表演中，鞠躬礼仪体现了茶艺师对茶文化的敬畏和对宾客的尊重。

（八）表情礼仪

茶艺师应保持恬淡、宁静、端庄的表情。人的眼睛、眉毛、嘴巴和面部表情肌肉的变化，能体现出一个人的内心，对人的语言起着解释、暗示、纠正和强化的作用。茶艺师要求表情自然、典雅、庄重，自然舒展。这样的表情礼仪能够营造出宁静祥和的氛围，让宾客更好地感受茶文化的魅力。

（九）眼神礼仪

眼神是脸部表情的核心，能表达最细微的表情差异。在茶艺表演中要求表演者神光内敛、眼观鼻、鼻观心，或目视虚空、目光笼罩全场。切忌表情紧张、左顾右盼、眼神不定。恰当的眼神礼仪能够展现出茶艺师的专注与自信，为茶艺表演增添一份神秘与魅力。

三、茶艺比赛的流程

茶艺比赛一般包括初赛和决赛两大流程。

（一）初赛

以理论考试为主，重点考查《中国茶文化基础》，选拔出决赛选手。

在众多茶艺比赛中，初赛通常作为筛选环节，为决赛选拔出具备扎实理论基础的选手。例如在2021年校级“茶艺技能比赛”中，初赛（理论考试）以中级茶艺师题库为参考，重点考查《中国茶文化基础》。参赛选手们在规定的时间内认真答题，展现自己对茶文化知识的掌握程度。又如在2023年芜湖职业技术学院技能大赛“茶艺大赛”中，初赛同样以理论测试的形式，重点考查《中国茶文化基础》，为决赛选拔出优秀的选手。

初赛的理论考试内容涵盖了中国茶文化的各个方面，包括茶叶的种类、产地、制作工艺、泡茶方法、茶文化历史等。通过理论考试，不仅可以检验选手们对茶文化知识的掌握程度，还可以促使选手们更加深入地学习和了解中国茶文化。

（二）决赛

包括指定茶艺竞技和创新茶艺竞技两部分，以实操为主，重点考察选手完成茶席展示和冲泡茶艺的技能。

1. 指定茶艺竞技

从团队选手中随机抽取选手分别参与绿茶、红茶、乌龙茶指定茶艺竞技，统一茶样、器具、主题、音乐和时间，评委从仪容仪表、茶席布置、茶艺演示、茶汤质量、竞赛时间等方面进行评比。

在指定茶艺竞技中，选手们需要严格按照比赛要求进行操作。比赛统一茶样、统一器具、统一音乐（平湖秋月），选手尽可能穿中国传统服装。在比赛过程中，选手们要注重仪容仪表，发型、服饰要端庄自然，形象得体高雅，动作、姿态端正，符合礼仪规范。

茶席布置方面，器具布置与排列要有序、合理，茶具配套齐全且不冗余，排列整齐，符合茶理。在冲泡茶过程中，席面器具要保持整洁有序，避免摆放不合理和出现混乱情况。茶艺演示需契合茶理，投茶量适宜，水温、水量、时间把握合理。冲泡程序不能混乱或有遗漏，茶叶处理和取放要规范，操作动作要适度、顺畅、优美，过程完整，形神兼备，奉茶姿态要自然、大方得体，礼貌用语得当，收具规范有序、优雅。

茶汤质量也是评委考核的重要方面，要求汤色明亮，深浅适度，清澈无茶渣，明亮不暗沉。汤香要持久，能表现所泡茶叶品类特征，滋味浓淡适度，能突出所泡茶叶的品类特色。同时，竞赛时间不少于 8 分钟，不超过 13 分钟，严格把控时间，避免超时或时间不足影响成绩。

2. 创新茶艺竞技

参赛团队自选茶艺，设定主题、茶席，将讲解、表演、泡茶融入其中，选手自备参赛用品，评委从特色体验展现、茶席布置、茶艺理论知识问答等方面进行评分。

创新茶艺竞技更加注重选手的创新能力和综合素质。在比赛中，参赛团队自选茶艺，设定独特的主题和茶席，将讲解、表演、泡茶完美融合，给观众带来独特的体验。例如在传文化之经典享茶艺之盛宴第五季《最美茶艺师》总决赛中，选手们在舞台上“纵横古今”，创造性地将茶艺剧目引入舞台，以茶通六艺、穿越古今、横跨时空的方式讲述“浮茶千年”的故事。

特色体验展现要求整体风采突出，能将讲解、表演、泡茶完美融合。茶席布置要精心设计，器具、茶叶、背景音乐、服装、桌布等参赛用品要与主题相契合，体现创新与美感。在茶艺理论知识问答环节，选手需对泡茶的技术和泡茶的礼仪、传统文化等方面有深入的了解，能够准确回答评委的问题。

参考文献

[1] 陆羽 . 茶经 [M]. 北京：中华书局出版社，2020.

[2] 张景 . 中国茶文化 [M]. 天津：天津科学技术出版社，2018.

[3] 李韬 . 中国茶图鉴 [M]. 南京：江苏凤凰科学技术出版社，2021.

[4] 孙建军 . 识茶泡茶品茶 [M]. 长春：吉林文史出版社，2019.

[5] 刘礼堂 . 中华茶文化概论 [M]. 北京：北京大学出版社，2020.

[6] 罗军 . 中国茶密码 [M]. 北京：生活・读书・新知三联书店，2016.

[7] 王岳飞，徐平 . 人人学茶：茶文化与茶健康 [M] 2 版 . 北京：旅游教育出版社，2017.

[8] 王旭烽 . 茶文化通论：品饮中国 [M]. 杭州：浙江大学出版社，2020.

[9] 贾迎松 . 问茶：茶事小百科 [M]. 北京：中国轻工业出版社，2021.

[10] 周滨 . 茶瓷之路 [M]. 武汉：华中科技大学出版社，2022.